河北省外来水生生物图鉴

河北省海洋与水产科学研究院（河北省海洋渔业生态环境监测站） 编
肖国华 主编

河北省外来水生生物图鉴

河北大学出版社
·保定·

出 版 人：朱文富
责任编辑：马 敏
装帧设计：张彦琪
责任校对：刘景坤
责任印制：常 凯

河北省外来水生生物图鉴
HEBEI SHENG WAILAI SHUISHENG SHENGWU TUJIAN

图书在版编目（CIP）数据

河北省外来水生生物图鉴 / 河北省海洋与水产科学研究院（河北省海洋渔业生态环境监测站）编；肖国华主编. -- 保定：河北大学出版社，2023.8
ISBN 978-7-5666-2222-8

Ⅰ. ①河… Ⅱ. ①河… ②肖… Ⅲ. ①外来种 - 水生生物 - 河北 - 图集 Ⅳ. ① Q178.42-64

中国国家版本馆 CIP 数据核字 (2023) 第 156012 号

出版发行：河北大学出版社
地址：河北省保定市七一东路 2666 号　邮编：071000
电话：0312-5073033　0312-5073029
邮箱：hbdxcbs818@163.com　网址：www.hbdxcbs.com
经　　销：全国新华书店
印　　刷：保定市正大印刷有限公司
幅面尺寸：185 mm × 260 mm
印　　张：9.25
字　　数：168 千字
版　　次：2023 年 8 月第 1 版
印　　次：2023 年 8 月第 1 次印刷
书　　号：ISBN 978-7-5666-2222-8
定　　价：98.00 元

如发现印装质量问题，影响阅读，请与本社联系。
电话：0312-5073023

编 委 会

主　编

肖国华

副主编

孙绍永　刘存歧　张碧函　慕建东　郗艳娟　李文敏

编　委（排名不分先后）

侯晓龙　闫　丽　杨超臣　李　瑶　姚新悦　刘　盼　王文婧　刘童心　刘兆宁

任雪莲　田　洋　符冬林　赵洪昌　黄金义　宋荪阳　潘彦竹　张　洁　王英光

马东海　侯彦斌　何建平　朱丽华　胡小刚　王　狄　张嘉楠　杨赵伟　魏　滨

栗建军　孙彩娟　王丽霞　闫立君　韩文军　孟秋冬　檀英桃　王圆圆　葛　京

高　倩　吴　浩　王旭旭　寇景莲　王国兴　陈立辉　李淑宏　杜丽娟　刘　璐

勾雪莲　何更田　邢宪利　李　明　赵文娟　马书强　张爱华　李　萌　闫　霄

周　斌　姬正凯　高云翥　刘荣杰　李国强　何雁鸿　杨　龙　杨志会　高培宇

摄　影

慕建东

绘　图

刘兆宁

序

河北省位于中国华北平原的北部，东临渤海，有487千米的海岸线，西依太行山与山西省相连，西北部、北部与内蒙古自治区接壤，东北与辽宁省相连，东南与山东省相交，南与河南省为邻，总面积为18.77万平方千米。河北省地形多样，是中国兼有高原、山地、丘陵、平原、湖泊和海滨的省份，属温带季风气候。河北省河流众多，长度在10千米以上的约300多条，建有20座大型水库和44座中型水库，拥有以白洋淀为河北第一大内陆湖的湖泊数十个，湿地面积94.19万平方千米，占全国的5.02%。丰富多样的水域生态类型为水生生物的生长和繁殖提供了优良的自然资源和环境条件，为外来物种提供了有利的生存环境，有些种群数量迅速增大，给生态环境和社会带来危害，成为外来有害生物。近几十年，河北省从国外或国内其他地区引进了30种外来物种或品种，如大菱鲆、罗非鱼、海湾扇贝等，这些引入的物种在改善河北省的水产养殖种类结构、满足人们日益增长的消费需求方面发挥了重要作用，产生了显著的经济效益。

同时，可能会有一些外来生物由于缺少原有生态系统中的制约因素，快速生长和繁殖，逐步取代或危害新环境中的当地物种，对生态系统的结构和功能造成潜在的危害。

本书在2022年河北省开展的外来入侵水生动物普查工作的基础上，广泛收集相关资料，归纳、整理了河北省常见的外来水生生物名录，对其分类与来源、形态特征、生活习性、养殖概况、栖息环境、可能存在的风险以及防控建议等进行了介绍，并给每个物种配上照片便于读者识别辨认；此外，针对河北省重要水域外来入侵水生动物的种类数量、分布范围、危害程度等基本情况，提出防控的总体思路和措施，以期为政府决策、渔业生产、资源保护等方面提供有益的参考。

本书得到了全省各市县相关水产技术专家的帮助，在此表示衷心的感谢。

由于编者水平有限，书中的疏漏和不足之处在所难免，敬请广大读者和同行批评指正。

编　者

前 言

外来生物或外来物种是指由于人类活动等因素的影响而出现在其原来自然分布区以外区域中的生物或物种，包括这些物种能生存和繁殖的任何部分、配子或繁殖体。对于特定的生态系统和栖息环境来说，任何非本地的生物都是外来生物。外来生物中的少数种经过传入、定殖和扩散3个阶段，对引入地的生态系统、栖息生境、物种和人类健康带来威胁和危害，称为“生物入侵”。

外来物种的引入使得人类可共同分享文明成果、提高生产力水平、促进社会发展和经济繁荣。同时，生物入侵会导致生物多样性丧失、威胁生态安全。自20世纪80年代以来，随着经济全球化进程的加快，大量外来物种进入我国，生物入侵已给我国的农业、林业、渔业造成了严重的经济损失。因此，有效阻止外来物种的入侵，控制生物入侵造成的危害已成为当务之急。

在19世纪50年代，英国著名生态学家查尔斯·埃尔顿在其经典著作《动植物的入侵生态学》中首次提出了“生物入侵”的概念并创立了入侵生物学。 20世纪80年代后，生物入侵方面的研究逐渐成为国内外关注的热点。国际上有关生物入侵研究机构和组织包括联合国粮农组织（FAO）、世界自然保护联盟（IUCN）、联合国环境规划署（UNEP）等。国际上具有较大影响力强制性的协议（主要包括条约和公约）有《生物多样性公约》、《国际植物保护公约》和《联合国海洋法公约》等。我国在1992年被批准加入《生物多样性公约》后，制定并发布了《生物多样性保护行动计划》《中国履行生物多样性公约国家报告》等一系列相关政策，另外，外来物种入侵相关的规定主要体现在环境与资源保护以及动植物卫生检疫的相关法律法规中，如《中华人民共和国进出境动植物检疫法》、《中华人民共和国渔业法》《中华人民共和国野生动物保护法》《中华人民共和国环境保护法》《中华人民共和国生物安全法》《外来入侵物种管理办法》等，为我国外来生物入侵防控工作提供了良好的法律基础。

随着外来生物入侵对各国国民经济、生态环境、人类健康和社会生活带来的威胁与日俱增，众多国家和国际组织在入侵物种的分布和入侵机制、入侵过程和模型、入侵风险分析及监测、入侵物种生态后果评价、入侵生物对生物地球化学循环的影响和生物入侵管理以及生物入侵立法等方面进行了深入研究，并对入侵生物造成的损失进行了评估。根据世界自然保护联盟有关报告，外来物种入侵每年给世界各国造成的经济损失为4000 亿美元左右。根据联合国环境规划署消息，外来入侵物种每年在全球造成的经济损失高达 4320亿美元。在世界自然保护联盟公布的全球100种最具威胁的外来物种中，在中国被发现的最具威胁的物种超过50%，生物入侵涉及农田、森林、水域、湿地、草地等几乎所有的生态系统。根据《中国经济周刊》报道，外来入侵物种每年给我国造成的经济损失已高达2000 亿元。外来生物入侵已严重影响我国社会经济健康持续发展。

外来水生生物是生物入侵的重要组成部分。据环境保护部统计的11种危害较大农业入侵生物所造成的574亿元经济损失中，水域生态领域损失不少于300亿元。2022 年农业农村部、自然资源部等六部门联合发布的《重点管理外来入侵物种名录》（农业农村部 2022 年第 567 号公告）中被列为外来入侵水生生物有：非洲大蜗牛（*Lissachatina fulica*）、福寿螺（*Pomacea canaliculata*）、鳄雀鳝（*Atractosteus spatula*）、豹纹翼甲鲶（*Hypostomus plecostomus*）、齐氏罗非鱼（*Coptodon zillii*）、美洲牛蛙（*Rana catesbeiana*）、大鳄龟（*Macrochelys temminckii*）和红耳彩龟（*Trachemys scripta elegans*）、互花米草（*Spartina alterniflora Loisel*）、凤眼莲（水葫芦）[*Eichhornia crassipes*（*Mart.*）*Solms*]、空心莲子草[*Alternanthera philoxeroides*（*Mart.*）*Griseb.*]、水盾草（*Cabomba caroliniana A. Gray*）和大薸（*Pistia stratiotes* L.）。外来生物入侵除造成经济损失之外，其危害表现在多个方面。首先，入侵生物对生物多样性造成危害。据研究表明，生物入侵是继栖息地丧失导致生物多样性下降之后的第二大威胁， 外来入侵物种能通过一系列的种间关系(如竞争、捕食、寄生等)，引起入侵地土著物种的濒危或灭绝，从而严重降低入侵地的物种多样性，如福建省霞浦县互花米草的引入使其沿海滩涂原来的200多种生物减少到20多种，并导致近岸海洋红树林生态系统的破坏，滩涂的鱼虾贝藻等海洋生物大量死亡。其次，入侵生物对生态系统功能性造成危害。在自然界长期进化过程中，生物与生物之间相互制约、相互协调，形成稳定的生态平衡系统。外来物种入侵对当地自然生态环境的改变，使生态系统内部能量流动和物质循环难以进行，导致生态失衡、生态系统紊乱。例如，引自南美的水葫芦可在绝大多数淡水水域快速繁殖，常形成漂浮植毡层，改变水生生境，对生物群落的物种组成产生明显的影响，使其他水生动植物减少甚至灭绝，进而影响整个淡水生态系统的结构和功能。

我国是世界上引种最多的国家之一。据不完全统计，至2007年我国已引进大规模养殖的外来水生生物物种约150种，对丰富我国水产种质资源、增加养殖种类、调整产品结构、丰富水产品市场起到了积极作用，而且不少物种已形成新的养殖产业，产生了巨大的经济效益和社会效益。同时，有些外来物种变为入侵生物，对引入地水生物种的种类、种群结构、食物链结构、生物多样性等产生了一系列的影响，威胁渔业生产、经济和生态安全，如福寿螺、互花米草的引入对当地的生态造成严重威胁。

河北省的水产养殖引种历史与国内其他省份基本一致，自20世纪70年代末对鱼类引种的规模逐渐加大，20世纪90年代达到高潮（尤其是对国外鱼类的引进），先后引进各种罗非鱼、南美白对虾、海湾扇贝、虹鳟、淡水白鲳、斑点叉尾鮰、牛蛙和美国青蛙、鲇鱼、大菱鲆、鲟鱼等，有些品种的养殖已形成规模，产生了良好的经济效益。据2022年的统计数据，河北省引入的海湾扇贝和南美白对虾的养殖面积分别达到67万亩和23万亩，已成为河北省水产养殖的支柱产业，但有些引入的外来物种被列入《重点管理外来入侵物种名录》中。2022年河北省外来水生生物的普查结果显示，河北省域内发现名录中的美洲牛蛙、福寿螺、互花米草、凤眼莲、空心莲子草等入侵生物，虽然均处于可控状态，目前尚未形成直接危害，但存在潜在的入侵风险。由于生物入侵过程漫长，造成的危害存在一定的“滞后性”，了解外来水生生物种类及相关信息是制定科学防治措施、有效阻止生物入侵的基础。

鉴于此，编者在书中介绍了河北省现阶段存在的外来水生生物种类、分布、生态习性、生态危害等，以期普及外来水生生物的知识，为河北省有效预防水生生物入侵工作提供有益参考。

河北省外来水生生物引种和养殖概况：

河北省外来水生生物的来源主要为引种。河北省为了水产养殖业的发展，从国内外引进淡、海水养殖品种几十种，其中引入种海湾扇贝、大菱鲆、漠斑牙鲆、南美白对虾和罗非鱼已成为河北省重要的养殖品种。根据2021年《河北省渔业统计年鉴》数据显示，海湾扇贝的产量超过35万吨，居全国扇贝养殖第三位，罗非鱼总产量为5.89万吨，南美白对虾的淡水和海水总产量超过4万吨，鲆鱼类大约0.7万吨；河北省外来水生生物养殖品种的养殖产量约占全省水产养殖总量的50%，在河北省渔业经济发展中占有重要地位。

河北省外来水生生物的分布情况：

河北省外来水生生物的海水养殖品种均分布在唐山、秦皇岛和沧州3个沿海城市，如扇贝、南美白对虾、鲆鱼等，淡水外来生物的罗非鱼养殖几乎遍布全省，鲟鱼和鳟鱼次之，另外鮰鱼、鲇鱼、克氏原螯虾、短盖巨脂鲤等只在少数地区养殖。自然水域中由于养殖逃逸和人为放生偶见的外来水生生物有克氏原螯虾、福寿螺、颌针鱼、台湾泥鳅、美国加州鲈、匙吻鲟、南方大口鲇、鲟鱼、虹鳟、日本锦鲤、豹纹翼甲鲶（清道夫）、牛蛙、真鳄龟（大鳄龟）、红耳彩龟（巴西龟）等14种，其中被列入《重点管理外来入侵物种名录》中的有福寿螺、豹纹翼甲鲶、牛蛙、大鳄龟、红耳彩龟等5种。所以，河北省外来水生生物的防控形势异常严峻，为了避免生物入侵造成的生态和经济损失，应从法律法规、风险评估、预防与控制措施、社会意识与责任等方面加强风险管理，建立长效的风险防范体系。

编　者

目 录

第一章　外来入侵物种

第二章　外来养殖物种

第一章

外来入侵物种

1. 克氏原螯虾

分类与来源

克氏原螯虾（学名：*Procambarus clarkia*）是甲壳纲、十足目、螯虾科水生动物，又称“红螯虾”“淡水小龙虾”。该物种的分布范围很广，原产于墨西哥北部和美国南部。20 世纪 30 年代，克氏原螯虾由日本传入中国，80 年代前后扩散。目前，在中国长江中下游地区广泛扎根，湖南省、江苏省、安徽省、云南省等地均有分布，现已成为中国重要的养殖经济虾类。

克氏原螯虾

形态特征

克氏原螯虾形似虾而甲壳坚硬。其成体长约 5.6—11.9 厘米，体为暗红色，头胸甲部分呈红褐色，头胸甲部位有一对大螯，腹部背面有一楔形条纹，体形较大，呈圆筒状，甲壳坚厚，头胸甲稍侧扁，不与口前板愈合，侧缘也不与胸部腹甲和胸肢基部愈合，颈沟明显，第 1 触角较短小、双鞭，第 2 触角有较发达的鳞片，3 对颚足都具有外肢，步足全为单肢型，前 3 对螯状，其中第 1 对特别强大、坚厚，故又称“螯虾”，末 2 对步足简单、爪状，鳃为丝状鳃。克氏原螯虾头部有触须 3 对，触须近头部粗大，尖端小而尖，在头部外缘的 1 对触须特别粗长，一般比体长长 1/3，在 1 对长触须中间为 2 对短触须，长度约为体长的 1/2。栖息和正常爬行时 6 条触须均向前伸出，受惊吓或受攻击时，2 条长触须弯向尾部，以防尾部受攻击。雄性的螯比雌性的更发达，并且雄性龙虾的前外缘有一鲜红的薄膜，十分显眼。雌性则没有此红色薄膜，因而这成为雄雌区别的重要特征。雌虾尾部有 5 片强大酌尾扇，母虾在抱卵期和孵化期尾扇均向内弯曲，爬行或受敌时以保护受精卵或稚虾免受损害。

生活习性

克氏原螯虾适应性极广，在水温为 10 ℃—30 ℃时均可正常生长发育；亦能耐高温严寒，可耐受 40 ℃以上的高温，也可在气温为 -14 ℃以下的情况下安然越冬。

繁殖季节喜掘穴。洞口一般以泥帽封住，以减少水分散失。在夏季的夜晚或暴雨过后，它有攀爬上岸的习惯，可越过堤坝，进入其他水体。

克氏原螯虾属于杂食动物，在饮食习性上，克氏原螯虾主要以植物类为食，小鱼、小虾、浮游生物、底栖生物、藻类也可以作为它的食物。

分布范围

石家庄市平山县黄壁庄水库、冶河平山段、井陉县冶河、滹沱河湿地、汊河、环城水系；唐山市曹妃甸区。

物种危害

克氏原螯虾的危害有以下4点：一是在自然水域中定居的克氏原螯虾通过竞争性替代，将本土虾类从其适宜的栖息地排除，影响本土虾类的生长和繁殖。二是食量大，在自然水体中通过大量摄氏水生植物和其他小型鱼虾类，导致其他鱼类的食物来源减少，从而改变水域生态系统的营养关系。三是在自然水域中，捕食本土鱼虾类的卵和幼虾，影响本土虾类的生存和种群延续。四是克氏原螯虾会在田埂和堤坝挖洞，危害农田水利等生态系统。

防治方法

首先，相关部门应开展自然水域中克氏原螯虾的危害评估，加强宣传教育，提高民众对克氏原螯虾的认识，减少人为放生。其次，相关部门应提高防控意识，加强对克氏原螯虾养殖的管理，减少养殖逃逸和养殖丢弃的行为。再次，优化养殖结构布局，推进其在适生区以外的区域养殖。最后，开展针对性的控制实践，对危害农业生产或严重影响水域生态环境的克氏原螯虾开展定点防控。

2. 巴西红耳龟

分类与来源

巴西红耳龟［学名：*Trachemys scripta elegans*（wied.）］是泽龟科、彩龟属巴西彩龟的一个亚种，俗名：巴西龟。原产于美国中部至墨西哥北部，中国1987年引种。

形态特征

巴西红耳龟成体椭圆形，背甲平缓隆起，脊棱明显，后缘呈锯齿状，头宽大，吻钝头颈部有黄绿相间的纵纹，眼后两侧各有1长条形红色斑块，头和颈

巴西红耳龟

侧面有黄绿线状条，眼中等大，颈短而粗，背甲翠绿色，每块盾片上具有黄绿镶嵌的圆环状斑纹，腹甲平坦，淡黄色，有规则排列、似铜钱图案的黑色圆环纹，四肢粗短，趾间具发达的蹼，前肢5爪，后肢4爪。龟苗时期色泽鲜艳醒目，全身布满黄绿镶嵌、粗细不匀的条纹和图案，随着个体长大，颜色、图案逐渐变淡。雄龟个体小，躯干长，前肢的爪子较长，尾基部较粗，泄殖孔距腹甲后缘较远。雌龟个体大，躯干短而厚，前肢的爪子较短，尾细且短，泄殖腔孔距腹甲后缘较近。

生活习性

巴西红耳龟性情活泼，比中国产的任何一种淡水龟都活跃、好动。它对水声、振动反应灵敏，一旦受惊纷纷潜入水中，最适温度为 20 ℃—32 ℃，11 ℃以下冬眠，6 ℃以下为深度冬眠。巴西红耳龟有晒太阳的习性但又不能久晒。巴西红耳龟属杂食性动物，是自然界的野生龟类，多半以肉食为主。巴西红耳龟摄食时间无选择性，昼夜均食，饥饿状态下有抢食行为，且存在大吃小的现象。

分布范围

石家庄市平山县岗南、黄壁庄水库、井陉县冶河、张河湾水库、鹿泉区秀水公园、龙泉湖湿地、滹沱河湿地、汊河环城水系、水上公园；承德市滦河和老牛河交叉口。

物种危害

巴西红耳龟具有以下 4 种危害：一是巴西红耳龟对饵料占有性强，在生存空间中占据优势，一旦进入江河，将大量捕食小鱼、贝以及蛙类的卵和蝌蚪，掠夺其他生物的生存资源，使其生存受到毁灭性打击，排斥、挤压本土龟类的生存空间。二是与本地龟杂交，导致本土龟类的遗传结构改变甚至衰亡。三是可成为沙门杆菌的重要传播媒介。四是食性广，适应能力强，易造成入侵和扩散，被世界自然保护联盟收录为100种最具破坏力的入侵生物之一。

防治方法

首先，我国相关部门应尽快制定相关法律，禁止巴西红耳龟进口；加强公众教育，提高民众对外来物种危害的认识，加强宣传力度，使民众特别是执法人员了解巴西红耳龟，规范巴西红耳龟养殖、市场销售、放生管理，特别是对大规模的宗教放生红耳龟应予以禁止。其次，应加大红耳龟入侵机制研究，建立科学的管理方式防止巴西红耳龟继续扩散。

3. 豹纹翼甲鲶

分类与来源

豹纹翼甲鲶［学名：*Pterygoplichthys pardalis*（castelnau）］又称“豹纹脂身鲇”，隶属于硬骨鱼纲、鲶形目、甲鲶科、翼甲鲶属，最为大家熟知的名字是清道夫，被列入我国重点管理外来入侵物种名录。原产于南美洲。

形态特征

豹纹翼甲鲶体延长而侧扁，头部前方颇为侧扁，眼后的头背部星两叶半圆突起，中央具一四沟，口下位，吻宽而钝扁，眼小，上侧位，眼间隔宽大，具须4对，粗但短，向后延伸未达鳃盖缘，体裸露无鳞，背鳍高耸，胸鳍和腹鳍

豹纹翼甲鲶

近水平展开，尾鳍较发达，状如飞机，又称“飞机鱼”，体呈黄棕色，腹面浅黄色，各鳍黄棕色，尾鳍具白色缘。

生活习性

豹纹翼甲鲶喜食水草藻类、小鱼小虾、死鱼尸体，以及其他鱼卵，成年后食量较大，一只成年豹纹翼甲鲶一天可以吃掉好几千枚鱼卵。其经常吸附在水族箱壁或水草上，作为清理鱼缸的工具鱼而被广泛应用，也能在垃圾遍布的水中生存，没有经济价值，常被渔民当垃圾扔掉。

分布范围

石家庄市市区滹沱河湿地、环城水系。

物种危害

豹纹翼甲鲶因养殖逃逸、养殖丢弃和人为放生等原因进入自然水域，又因自身生存和繁殖能力强，在自然水域扩散速度极快。其在我国南方地区的河流、湖泊、水库等水体建立了自然种群，并通过食物竞争和栖息地破坏等作用对渔业生产和生态环境构成了严重威胁。此外，水体的富营养化也是导致其种群不断扩张的原因，不断输入的有机和无机营养物质为豹纹翼甲鲶提供了丰富的食物资源，但豹纹翼甲鲶种群暴发又反过来严重影响土著种类的生存和生态环境的稳定。

防治方法

一是不在自然水域放生、放流豹纹翼甲鲶。二是养殖时应做好防逃逸措施，防止其逃逸到自然水域。三是不养殖时不要将其随意丢弃，应进行无害化处理。四是在自然水域捕获到豹纹翼甲鲶时不随手丢回，应进行无害化处理。

4. 鳄雀鳝

分类与来源

鳄雀鳝（学名：*Atractosteus spatula*）是雀鳝目、雀鳝科、大雀鳝属动物，为大型凶猛鱼类，主要生活于纯淡水，偶入咸淡水。主要分布在从墨西哥到美国佛罗里达州的墨西哥湾沿岸河流和河口水域，密苏里河和俄亥俄河下游，以至尼加拉瓜境内的两个湖泊。鳄雀鳝从20世纪80年代就开始作为观赏鱼类引到中国。

形态特征

鳄雀鳝体长2—3米，体重137—159千克，雌性比雄性略大，是现存7种雀鳝中体型最大的一种。鱼身呈长筒形，吻部前突，跟鳄鱼一样的短吻和上下颚密布两排匕首般锋利的牙齿，因此得名。

鳄雀鳝的颜色通常为深橄榄绿色，背两侧是褪色的灰白色，腹部白色。鳞片大而硬，背部中间点缀有不同深浅的伪装黑色，也有浅色金白斑混合其间，背鳍、尾鳍和臀鳍有黑点，大多是橄榄绿色或灰色，而臀鳍和胸鳍一般都是灰白色或白色，翅片，特别是腹部，腹鳞通常具有红粉色色调，这可能与血管饱和有关。

鳄雀鳝最大的可达3米，体延长，上下颌亦长，口裂深，具锐齿，背、臀鳍相对并位于体后部，无脂鳍，腹鳍腹位，各鳍无硬刺，侧线完全，鳔有鳔管与食道背部相连，鳔多分室，形如肺，鳔壁密布微血管，可进气体代谢。

鳄雀鳝

生活习性

鳄雀鳝栖息于热带及亚热带的河流、湖泊、沼泽等淡水环境中，偶尔进入河口或海滨等咸水区活动，单独生活，日行性，白天通常浮在水面上晒太阳，隆冬季节潜入深水区休眠。

鳄雀鳝没有咀嚼的功能，它们进食只能靠吞，最大可以吞下身体1/4的食物，主要以其他鱼类为食。

分布范围

石家庄和保定地区。

物种危害

鳄雀鳝是肉食鱼类，具有极强的破坏性，如若将其放到天然水域，会对当地的水体生态系统带来灭顶之灾，只要是水里的活物，它几乎通吃。它的卵有剧毒。如果人类去惹它，或者它受惊了，会出现攻击人类的情况。

防治方法

首先，相关部门应对鳄雀鳝售卖市场进行规范管制，对作为观赏鱼售卖的鳄雀鳝进行登记编号，使每一条鳄雀鳝的去处可追踪、可溯源，避免新的鳄雀鳝进入水域危害作乱。其次，要广泛动员群众参与到围捕鳄雀鳝的行动中，发现水域有鳄雀鳝立即进行专业捕杀，并做无害化处理，禁止放生。

5. 美洲牛蛙

分类与来源

美洲牛蛙（学名：*Rana catesbeiana* Shaw）是两栖纲，滑体亚纲，蛙科，蛙属动物。因其叫声大且洪亮酷似牛叫而得名。原产于美国东部数州，后被引进西部各州和其他国家。1959 年我国引进牛蛙驯养，1986 年在我国中部和南部大量饲养，目前已被列入我国首批外来入侵物种。

形态特征

美洲牛蛙体绿或棕色，腹部白色至淡黄色，四肢有黑色条纹，雌蛙体长达 20 厘米，雄蛙 18 厘米，最大个体可达 2 千克以上，头部宽扁，口端位，吻端尖圆面钝，眼球外突，分上下两部分，下眼皮上有一个可褶皱的瞬膜，可将眼闭合，背部略粗糙，有细微的肤棱，四肢粗壮，前肢短，无蹼，后肢较长大，

美洲牛蛙

趾间有蹼。肤色随着生活环境而多变，通常背部及四肢为绿褐色，背部带有暗褐色斑纹，头部及口缘鲜绿色，腹面白色，咽喉下面的颜色随雌雄而异，雌性多为白色、灰色或暗灰色，雄性为金黄色。

生活习性

美洲牛蛙主要在夜间活动，发现美洲牛蛙在加拿大安大略池塘中的平均活动半径为 2.6 米。成年美洲牛蛙有一种具有反应性的休息状态，其特征是警觉性不会丧失，这有助于躲避捕食者。在受到干扰时，成体会通过一系列的长距离跳跃和大量的溅水撤退到更深的水中。美洲牛蛙在逃跑时通常会发出尖叫，经常会引发大量美洲牛蛙从海岸线逃到更深的水域。

美洲牛蛙蝌蚪主要是食草动物，吃藻类、水生植物材料和一些无脊椎动物。它们高效的鳃过滤器能够使它们以种类繁多的藻类为食。美洲牛蛙是机会主义捕食者，捕食任何比它们小的动物，基本上吃它们能放进嘴里的任何东西。它们采用静坐等待的方式进食。美洲牛蛙是相当凶猛的动物，在中国台湾有“蛙界暴龙”之称，以无脊椎动物、小鱼和其他的小蛙为食，有时也会吃水鸟的幼雏；体型较大的美洲牛蛙甚至会捕食蛇、鼠、龟等。它们甚至也吃其他美洲牛蛙。

分布范围

承德市围场县；石家庄市区滹沱河湿地、汉河、环城水系。

物种危害

美洲牛蛙的危害主要表现在以下 4 个方面：一是对水域环境的影响。养殖美洲牛蛙的水体营养化比较严重，直接排放没有经过处理的尾水会对水域环境造成很严重的污染。二是河道生态遭到破坏。病死的美洲牛蛙没有经过合理的处理，导致河道的生态环境遭到严重的破坏。三是食品安全。一些养殖户为了增加高密度下养殖牛蛙的成活率，会大量使用抗生素，在食品安全方面得不到保证，容易出现细菌残留的隐患。四是破坏耕地。美洲牛蛙是外来入侵物种，大量养殖会破坏耕地。

防治方法

一是我国相关部门应加强美洲牛蛙饲养管理以及对餐饮业的控制，以免入侵范围进一步扩大。二是养殖户应改变美洲牛蛙的饲养方式，由放养改为圈养。三是在蝌蚪阶段进行清塘性处理来控制种群数量。四是捕捉和消耗牛蛙成体资源，以控制其在自然生境中的数量。

6. 空心莲子草

分类与来源

空心莲子草［学名：*Alternanthera philoxeroides*（Mart.）Griseb］为苋科、莲子草属，多年生草本植物。根据地域分布不同，又叫空心苋、水花生、喜旱莲子草等，属苋科的一种植物。原产于巴西，我国引种于北京、江苏、浙江、江西、湖南、福建，后逸为野生。云南丽江各地均有分布，多野生在池沼、水沟内。1930 年传入中国，是危害性极大的入侵物种。其有药用价值，被列为中国首批外来入侵物种。

形态特征

空心莲子草为多年生宿根性草本，茎基部匍匐，上部上升，管状，具不明显 4 棱，长 55—120 厘米，具分枝，幼茎及叶腋有白色或锈色柔毛，茎老时无毛，仅在两侧纵沟内保留柔毛。

叶片矩圆形、矩圆状倒卵形或倒卵状披针形，长 2.5—5 厘米，宽 7—20 毫米，顶端急尖或圆钝，具短尖，基部渐狭，全缘，两面无毛或上面有贴生毛及缘毛，下面有颗粒状突起，叶柄长 3—10 毫米，无毛或微有柔毛。

花密生，基部连合成杯状，退化雄蕊矩圆状条形，和雄蕊约等长，顶端裂成窄条，子房倒卵形，具短柄，背面侧扁，顶端圆形，果实未见，花期 5—10 月。

生活习性

空心莲子草喜湿喜肥，耐寒、耐盐，耐酸碱、耐污染，主要通过无性繁

空心莲子草

殖迅速扩散，生长高峰每天可生长 2—4 厘米，其对各种生境具有很强的适应性，茎和根的形态结构会发生很大变化。水生空心莲子草在平均气温 8.5 ℃即可萌芽生长，陆生空心莲子草在气温 9.5 ℃开始萌发。空心莲子草在平均气温 10.5 ℃均已普遍出苗，开始进行营养生长，幼苗开始有 2—4 对嫩叶，叶小，紫红色。气温逐渐升高，其生长速度剧增，平均气温 21 ℃左右迅速增长，叶面积急剧扩大，但节间数并不增多。

分布范围

邯郸市永年区洼西南南街和西大堤、宋庄交接水域。

物种危害

空心莲子草的主要危害表现为：第一，覆盖水面，堵塞航道，影响人类水上经济活动。第二，排挤其他植物，使群落物种单一化。第三，在农田危害作物，使产量受损。第四，田间沟渠大量繁殖，影响农田排灌。第五，入侵公园、湿地、草坪等城市绿地，破坏园林景观，加大养护成本。第六，滋生蚊蝇，且常附着有害寄生虫，危害人畜健康。第七，繁殖力强，排挤其他植物，降低植物群落的稳定性，破坏生态环境。

防治方法

首先，相关部门应建立健全该植物的检疫体系。其次，使用机械人工防除法。相关人员应侧重于预防，结合农业措施加大对空心莲子草的防治，在耕翻换茬时花大力气挖除其在土中的根茎，然后务必晒干或烧毁，在种群密度较小或新发现的入侵地手工拔除，对新入侵的空心莲子草，深挖 1 米，并彻底焚烧，连续 3 年，能起到根除的效果。需要注意的是，在许多水域依靠人工打捞，但打捞后的空心莲子草的植株如不能及时得到有效处理又会死而复活。最后，使用化学防除法。化学防治是我国抑制空心莲子草的主要措施之一。氯氟吡氧乙酸（使它隆、水花生净）、草甘膦或加二甲四氯等除草剂能够达到有效的防治效果。

7. 凤眼莲

分类与来源

凤眼莲［学名：*Eichhornia crassipes* （Mart.）Solms］是雨久花科凤眼莲属的浮生草本植物。别名凤眼蓝、水葫芦。原产巴西，现广泛分布于世界各地。我国于 1901 年引入，现广布于中国长江、黄河流域及华南各省，亚洲热带地区已广泛生长。

形态特征

凤眼莲是多年生草本。

单叶在基部丛生，莲座状排列，一般 5—10 片，叶片圆形，宽卵形或宽菱形，长 4.5—14.5 厘米，宽 5—14 厘米，顶端钝圆或微尖，基部宽楔形或在幼时为浅心形，全缘，具弧形脉，表面深绿色，光亮，质地厚实，两边微向上卷，顶部略向下翻卷，叶柄长短不等，中部膨大成囊状或纺锤形，叶柄基部有鞘状苞片，长 8—11 厘米，黄绿色，薄而半透明。

花葶从叶柄基部的鞘状苞片腋内伸出，长 34—46 厘米，多棱，穗状花序长 17—20 厘米，通常具 9—12 朵花，花被裂片 6 枚，花瓣状，卵形、长圆形或倒卵形，紫蓝色，花冠略两侧对称，直径 4—6 厘米。

生活习性

凤眼莲喜欢温暖湿润、阳光充足的环境，适应性很强。适宜水温 18 ℃—23 ℃，超过 35 ℃也可生长，气温低于 10 ℃停止生长，具有一定耐寒性。喜

凤眼莲

欢生于水流迟缓的河流，污染的池塘及路旁积水坑处，湿地极常见繁殖迅速。开花后，花茎弯入水中生长，子房在水中发育膨大。

分布范围

唐山市曹妃甸区；邯郸市永年区滏阳河莲花口闸、南桥段。

物种危害

凤眼莲的物种危害表现为以下几个方面：

第一，阻断航道，影响航运和排灌，成为农业、水利、环保的头号敌人。第二，破坏水生生态系统，威胁本地生物多样性。第三，破坏饮水资源。大量凤眼莲造成堵塞，水体不能自由流动，各种污染源，如重金属元素及对人体危害的其他微量元素不能有效清除，使人直接或间接吸纳到有污染的水源。同时，风眼莲覆盖水面也加大了水的蒸发量，比敞开水面的蒸发量高出 8—10 倍，造成水源损失。大量的风眼莲覆盖水面会使水的 pH 值降低，二氧化碳浓度增高，水的嗅值浓度、色度增高，水中的酸度也增加，使水资源的使用价值大大降低，直至不能饮用。第四，为血吸虫和脑炎流感等病菌提供了滋生地，滋生蚊蝇，为蚊子的幼虫提供了呼吸和繁殖的机会。

防治方法

一是防治水体污染，水体营养化是风眼莲不断繁殖生长的根基，要从源头防治风眼莲的泛滥。由于人们生活水平的提高及人口不断膨胀，生活污水排放量及有机物含量大大提高，为风眼莲的生长提供了重要的营养源，所以要控制生活污水和工农业废水的排放，确需排放时必须经无公害化水处理后再排放。二是采用机械搅灭法，对风眼莲危害较大的水域，可以使用相关机械将其搅灭打碎，扩大水体的光照面积，增加水体的流动，确保养殖、捕捞及航运顺利进行。三是采用人工清除法，动用人力物力直接将风眼莲捞起运送到陆地而予以清除。这也是初期用得最多的方法，针对小水面实施效果较佳。如果水域过大，则人力物力代价太大，不建议使用。四是采用化学防治法，如果在稻田田埂或蔬菜空茬田，每亩使用 20% 使它隆乳油 50 毫升，可兑水喷雾。每 667 平方米使用 20% 使它隆乳油 25 毫升加 20% 二甲四氯钠盐水剂 125 毫升加洗衣粉 7 克，混合喷雾，可降本增效。果园、矮化银杏林及草坪地可使用上述药剂进行定向喷雾。如果是河道、池塘、沟渠边，每 667 平方米使用 41% 农达水剂 300—400 毫升、灭草烟 30 克、百草枯 60 克或 36% 草甘・氯磺可溶性粉剂 300 克，兑水 20 千克喷细雾，使药液黏附在水花生茎叶上。严格注意不能在饮用水水面进行，且须注意人畜、鱼类的安全。五是采用生物防治法，在晚春或初夏，最低气温稳定回升到 13 ℃以上时，每亩释放风眼莲象甲成虫 1500—2000 头，可以达到一定的防治目的。六是采用变废为宝法，可以利用凤眼莲来制作猪或鱼饲料，一般做法是将凤眼莲粉碎打浆，再加入 2% 的食盐拌匀，再用它喂猪或养鱼，也可用来培肥水质。

8. 互花米草

分类与来源

互花米草（学名：*Spartina alterniflora* Loisel.）是禾本科、米草属多年生草本植物。原产北美大西洋沿岸。中国 1979 年开始迅速引种，取得了一定的生态和经济效益，但也带来了一些负面效应。

形态特征

互花米草地下部分通常由短而细的须根和长而粗的地下茎（根状茎）组成，根系发达，常密布于地下 30 厘米深的土层内，有时可深达 50—100 厘米，植株茎秆坚韧、直立，高可达 1—3 米，直径在 1 厘米以上。

茎节具叶鞘，叶腋有腋芽，叶互生，呈长披针形，长可达 90 厘米，宽 1.5—2 厘米，具盐腺，根吸收的盐分大都由盐腺排出体外，因而叶表面往往有白色粉状的盐霜出现。

圆锥花序长 20—45 厘米，具 10—20 个穗形总状花序，有 16—24 个小穗，小穗侧扁，长约 1 厘米，两性花，子房平滑，两柱头很长，呈白色羽毛状，雄蕊 3 个，花药成熟时纵向开裂，花粉黄色，种子通常 8—12 月成熟，颖果长 0.8—1.5 厘米，胚呈浅绿色或蜡黄色。

生活习性

互花米草对气候、环境的适应性和耐受能力很强，从亚热带到温带均有广泛分布，对基质条件也无特殊要求，在黏土、壤土和粉砂土中都能生长，并在河口地区的淤泥质海滩上生长最好。同时，互花米草是一种典型的盐生植物，从淡水到海水具有广适盐性，适盐范围是0%—3%，对盐胁迫具有高抗性。其高度发达的通气组织可为地下部分输送氧气以缓解水淹所导致的缺氧，而且这种作用存在群体效应，每天二潮及每潮浸淹时间6小时以内的条件下仍能正常生长。

互花米草通常生长在河口、海湾等沿海滩涂的潮间带及受潮汐影响的河滩上，并形成密集的单物种群落。其适生通常受与高程相关的一系列环境因子的影响，因此互花米草的适生往往有一定的高程范围。

互花米草

分布范围

唐山市曹妃甸区。

物种危害

互花米草由南京大学仲崇信教授等人于1979年引入中国，旨在弥补先前引进的大米草植株较矮、产量低、不便收割等不足。1980年试种成功，随之广泛推广到广东、福建、浙江、江苏和山东等沿海滩涂上种植。互花米草被列入世界最危险的100种入侵物种名单。

其危害性主要表现为：一是破坏近海生物栖息环境，影响滩涂养殖。二是堵塞航道，影响船只出港。三是影响海水交换能力，导致水质下降，并诱发赤潮。四是威胁本土海岸生态系统，致使大片红树林消失。

防治方法

首先，采用人工及机械清除法，使用塑料薄膜使其窒息死亡，埋葬或是反复焚烧能达到 90% 的消灭率。但是这种方法比使用除草剂贵且在实际操作中会碰到很多问题，例如这些塑料薄膜也许会被潮汐带走，因此该方法只适用于较小的区域范围。其秧苗或幼株可以采用挖除的方法，在北爱尔兰曾成功挖除的最大植株直径为 50 厘米，而试图挖除较大一些的植株群却没有成功。其他正在研究的控制手段，如蒸汽处理法。其次，采用化学防治，一次性施用除草剂精吡氟禾草灵和吡氟乙草灵（盖草能）能达到 90% 以上的杀灭率，但是若想完全清除该杂草则需要反复喷施。

第二章

外来养殖物种

河北省外来水生生物的来源主要为引种。河北省为了水产养殖业的发展，从国内外引进淡、海水养殖品种几十种，其中引入种海湾扇贝、大菱鲆、漠斑牙鲆、南美白对虾和罗非鱼已成为河北省重要养殖品种。2021 年《河北省渔业统计年鉴》数据显示，海湾扇贝的产量超过 35 万吨，居全国扇贝养殖第三位，罗非鱼总产量为 5.89 万吨，南美白对虾的淡水和海水总产量超过 4 万吨，鲆鱼类大约 0.7 万吨，河北省外来水生生物养殖品种的养殖产量约占全省水产养殖总量的 50%，在河北省渔业经济发展中占有重要地位。

1. 大口黑鲈

分类与来源

大口黑鲈（学名：*Micropterus salmoides*）是太阳鱼科、黑鲈属鱼类。原产于加拿大和美国。通过引种，已广泛分布于美国、加拿大等淡水水域，尤其在五大湖。其也被引入英国、法国、南非、巴西、菲律宾等国家。中国台湾地区于 20 世纪 70 年代引进，深圳、惠阳、佛山等地也于 1983 年引进大口黑鲈苗，并于 1985 年相继人工繁殖成功。繁殖的鱼苗已被引种到江苏、浙江、上海、山东等地养殖。

形态特征

大口黑鲈身体呈纺锤形，侧扁，背肉稍厚，横切面为椭圆形，口裂大，斜裂，颌能伸缩齿为绒毛细齿，比较锐利，身体背部为青灰色，腹部灰白色，从吻端至尾鳍基部有排列成带状的黑斑，鳃盖上有3条呈放射状的黑斑，体被细小栉鳞，背鳍硬棘部和软条部间有缺刻，不完全连续，侧线不达尾鳍基部，第1鳃弓外鳃耙发达，骨质化，形状似禾镰，除耙背面外，其余3面均布满倒锯齿状骨质化突起，第5鳃弓骨退化成短棒状，无鳃丝和鳃耙，体被细小栉鳞，背部为青绿榄色，腹部黄白色，尾鳍浅凹形。

大口黑鲈

背鳍鳍式：D. Ⅳ，Ⅰ—13—15，臀鳍鳍式：A. Ⅲ—9，胸鳍Ⅰ—12—13，腹鳍Ⅰ—15，侧线鳞62—63，侧线上鳞7—8，侧线下鳞15，鳃耙数6—7；脊椎骨数26—32。

内部特征：鳔1室，长圆柱形，腹膜白色，肠粗短，2盘曲，为体长的0.54—0.73倍。

生活习性

大口黑鲈是以肉食为主的杂食性鱼类，掠食性强、摄食量大。刚孵出鱼苗的开口饵料为轮虫和无节幼体，稚鱼以食枝角类为主，幼鱼以食桡足类为主，长3.5厘米的幼鱼开始摄食小鱼，水温在25℃以上时，幼鱼摄食量可达本身体重的50%，成鱼达20%。人工饲养时，可投喂切碎的小杂鱼作饲料，经驯化后，也可以投喂人工配合饲料。

分布范围

唐山市曹妃甸区、丰润区、古冶区；廊坊市固安县、永清县；秦皇岛市昌黎县；邯郸市经开区南沿村西王庄；承德市丰宁县；沧州市南皮县。

物种危害

大口黑鲈的物种危害表现为两个方面：一是其掠食性强，食量大，可捕食其他鱼类和水生动物，危害水生生物资源，降低生物多样性。二是其挤占生态位，对生态系统功能造成影响。

防治方法

首先，相关部门应加强养殖场及繁育场管理，防止大口黑鲈逃逸。其次，加强入侵风险评估，对适生性较高的湖泊、水库和缓流等自然水域禁止养殖大口黑鲈。最后，加强科普宣传，努力减少直至消除大口黑鲈的放生行为。

2. 台湾鳗鳅

分类与来源

台湾鳗鳅，属鳅科。被称为“水中之参”“鳅中之王”。其具有个体大、长势快、适应强等特点。金华市横源农业科技有限公司从 2011 年将其引入大陆地区培育养殖，台湾鳗鳅源自我国台湾台南市。远古时代，台湾与大陆相连，后来因地壳运动，相连接的部分沉入海中，形成海峡，出现台湾岛，就是因为台湾海峡的隔断，形成了不同的地理特征以及不同的品种，台湾鳗鳅就是在这样的大环境下，历经千百年慢慢进化而来。

台湾鳗鳅

形态特征

台湾鳗鳅形体比普通的泥鳅大 3—4 倍，可达 16—20 厘米长。它体形圆，皮下有小鳞片，颜色青黑，须 5 对，鳞极其细小，圆形，埋于皮下，体背部及两侧灰黑色，全体有许多小的黑斑点，头部和各鳍上亦有许多黑色斑点，背鳍和尾鳍膜上的斑点排列成行，浑身沾满了自身的黏液，滑腻无法握住 。

生活习性

鳗鳅为多次性产卵鱼类。其在自然条件下，每年 4 月上旬开始繁殖，5—6 月是产卵盛期，一直延续到 9 月还可产卵。繁殖的水温为 18 ℃—30 ℃，最适水温为 22 ℃—28 ℃。

分布范围

唐山市丰南区、玉田县；石家庄市市区滹沱河湿地、平山县黄壁庄水库、元氏县八一水库、井陉县冶河。

物种危害

台湾鳗鲡的物种危害主要表现为以下两点：一是挤占生态位，与本地土著种（包括自然资源逐步衰竭的日本鳗鲡、国家二级保护动物花鳗鲡）竞争生活空间及饵料资源等能力比欧洲鳗鲡更强，竞争压力更大。二是理论上可能造成遗传侵蚀，导致日本鳗鲡和花鳗鲡的基因污染，但由于繁殖场所不一致，实际上杂交可能性很低。

防治方法

一是水产养殖人员没有经过农业、环保等相关管理部门的审批同意，不得擅自在自然水体中养殖。二是采用设施养殖时，必须做好逃逸防范和监测工作。三是对养殖中的病体、死体、试验样品须依法销毁。

3. 短盖巨脂鲤

分类与来源

短盖巨脂鲤［学名：*Colossoma brachypomum*（cuvier）］属热带和亚热带鱼类。原产于南美亚马孙河，1982 年引入中国台湾，1985 年引入中国大陆。其肉味鲜美，营养价值高，且有生长快、食性广、个头大、抗病能力强等特点。

短盖巨脂鲤

形态特征

短盖巨脂鲤外形很像海水白鲳，体呈卵圆形，侧扁，体较高，头部小，头长与头高相等，口中位，吻较钝，尾分叉较深，正尾型，成鱼的体色鲜艳，红鳍，体白，黑尾，浅蓝色斑纹，四方配置极为美观，上颌具有切割型呈指状的牙齿2行，下颌齿也有2行，脊椎骨36—37，鳃丝细长，鳃耙30—36，腹棱自胸鳍基点起直达肛门，并有齿状突起，鳍条无硬刺，背鳍条18—19，臀鳍条26—28，胸鳍条16—18，腹鳍条7—8，下半尾鳍条13—15，侧线鳞82—98，体长为体高的2倍，为头长的4倍，为体厚的6.5倍，为尾柄长的13.5倍，头长为眼径的5倍，背部尾柄基点处有一小脂鳍，其上半部半透明，下半部具鳞，边缘黑色，鳞片细小均等而紧密，不易脱落，体色随水域不同而有变化，在碱性水体中体色较深，呈深灰色，而在微酸性水体中则呈体白、银鳞的美丽光泽。

生活习性

短盖巨脂鲤不耐低温，生活在水域的中下层，喜群居和群游，生长温度为 21 ℃—32 ℃，最适温度为 28 ℃—30 ℃，水中溶解氧在 4—6 毫克 / 升时生长最好，当溶氧量低于 3 毫克 / 升时，摄食受到影响。该鱼喜生活在微酸性水中，对酸碱度有较大的适应性，可栖息在 pH 值为 5.6—7.4 的水体中，能耐较高的盐度，在盐度为 0.5‰—1.0‰的水中，能正常生长。由于该鱼的群聚性，极易起捕。

短盖巨脂鲤属杂食性鱼类。仔鱼阶段以浮游生物为食。幼鱼时以大型浮游动物为食，也吃有机碎屑和各种人工饲料。成鱼时食性更杂，各种人工配合饲料、各种瓜果、蔬菜，特别是西瓜皮、禾本科植物种子、水生及陆生青草，池底有机碎屑、腐殖质以及水生昆虫、螺蛳、水蚤、小虾等都可以吃。

分布范围

邯郸市永年区；唐山市丰南区；石家庄市鹿泉区。

物种危害

短盖巨脂鲤食性广、食量大，喜捕食活饵，严重威胁其他小型鱼类的生存。

防治方法

一是相关部门应加强宣传教育，提高公民识别短盖巨脂鲤的能力，避免与食人鲳混淆，引起不必要的恐慌。二是提高公民意识，减少人为放生。三是加强养殖管理，减少短盖巨脂鲤的养殖逃逸。

4. 罗非鱼（尼罗罗非鱼、奥利亚罗非鱼、伽利略罗非鱼、莫桑比克罗非鱼）

分类与来源

罗非鱼［学名：*oreochromis niloticus*（linnaeus）］属热带性鱼类，罗非鱼属包括亚种共有100多种。原产于非洲。罗非鱼具有生成快、产量高、食性杂、疾病少、繁殖力强等特点。

罗非鱼是我国主要养殖水产品。其肉质鲜美、少刺、蛋白质含量高、富含人体所需的8种氨基酸，其中谷氨酸和甘氨酸含量特别高。罗非鱼素有“白肉

罗非鱼

三文鱼”“21 世纪之鱼”之称，近年已成为养殖、加工、出口的热点之一。

形态特征

罗非鱼通常生活于淡水中，也能生活于不同盐分含量的咸水中，可以存活于湖、河、池塘的浅水中。它有很强的适应能力，且对溶氧较少的水有极强的适应性。此鱼在面积狭小的水域中亦能繁殖，甚至在水稻田里也能够生长。罗非鱼体长 70—140 毫米，呈灰绿色，鳃盖后方至尾柄有 8—9 条黄褐色垂直条纹，尾鳍有 8 条能上能下的棕色垂直条纹，背鳍和臀鳍有相当于瞳孔大小的黄绿斑点，体被圆鳞，体色易随栖息环境而变化。繁殖期雄鱼下颌，胸鳍为淡红色，尾鳍的边缘也呈红色，背鳍硬棘 15—17，软条 10—12，腹鳍硬棘 1，软条 5，臀鳍硬棘 3，软条 10，胸鳍软条 13，各鳍之硬棘均很尖锐，侧线分上、下两段，两列侧线鳞共有 29—32 枚，两侧线相隔鳞片 2 列，背鳍基部起点与侧线间有鳞片 5 列，臀鳞基部与侧线间有鳞片 11 列。

生活习性

罗非鱼食性广泛，大多为植物性为主的杂食性，甚贪食，摄食量大，生长迅速，尤以幼鱼期生长更快。罗非鱼耐低氧能力很强，窒息点为 0.07—0.23 毫克 / 升，水中溶氧 1.6 毫克 / 升时，它仍能生活和繁殖；水中溶氧 3 毫克 / 升以上时，生长不受影响。罗非鱼的生存温度范围为 15 ℃—35 ℃，当水温低于 15 ℃时，其处于休眠状态，最高临界温度约 40 ℃—41 ℃，最适宜生长温度为 28 ℃—32 ℃，罗非鱼繁殖温度在 20 ℃以上。罗非鱼性成熟早，产卵周期短，口腔孵育幼鱼，繁殖条件要求不高，大水面积静止水体内自然繁殖。罗非鱼 6 个月即达性成熟，重 200 克左右的雌鱼怀卵量多在 1000—1500 粒左右，水温 25 ℃—30 ℃时 4—5 天即可孵出幼鱼。幼鱼至卵黄囊消失并具有一定能力时离开母体。

分布范围

沧州市中捷产业园区。

物种危害

罗非鱼的物种危害主要表现为：一是罗非鱼通过竞争性替代，将本土鱼类从其适宜的栖息地排除，影响本土鱼类的生存和繁殖。二是在自然水域中，罗非鱼会捕食本土鱼类的卵和幼鱼，影响本土鱼类的生存和种群的延续。三是大量取食水草等水生生物，影响水域生态系统的稳定。

防治方法

首先，相关部门应加强罗非鱼的野外调查监测，掌握其种群动态和影响因素，为以后的防控积累基础数据。其次，应定期开展自然水域中罗非鱼的危害评估，加强科普宣传。最后，应定期组织针对性的控制实验，筛选特异性的网具或药物开展定点防控。

5. 澳洲龙虾

分类与来源

澳洲龙虾，学名澳洲岩龙虾，节肢动物门，岩龙虾属。澳洲龙虾属于名贵淡水经济虾种，通体火红色，爪为金黄色，肉质鲜美，主要产地为大洋洲。

形态特征

足龄的澳洲龙虾重为100—250克，国外最大个体有达500克的。其体色为镶嵌褐绿色，头胸部和腹部均匀连接，外被一层坚硬外壳，胸足5对，第1

澳洲龙虾

对特别发达而成强大的螯。雄性的螯比雌性的发达，雄性螯的外侧端有一膜鲜质红带，是分辨雌雄的第 2 性征，有 3 对触须，外缘的 1 对特别粗长，约长于体长的 1/3，尾部有 5 片强大的尾扇，外缀 3 片，中部 1 片较小。母虾在带卵期和孵化期，尾扇常向内弯曲，把黏附在腹部的卵包在腹内，以保护母虾在爬行或受敌时的受精卵和稚虾不受损，也是带卵与不带卵母虾的区分。雄性的外生殖器生在第 5 对步足的基部，左右各 1 个，呈蓝色透明突起。雌性生殖器位于第 3 对胸足的基部，左右各 1 个，呈圆形，有一薄膜覆盖口。

生活习性

澳洲淡水龙虾为杂食性动物，在天然条件下主要摄食有机物碎屑、藻类、水生植物的根、叶及碎片，特别喜食汁多肥嫩的绿色植物，如水浮莲、水葫芦、绿萍和苦草等，动物性食物包括水蚯蚓、蚯蚓、水生昆虫的卵、蛹、螺、蚌和鱼肉等。在人工养殖情况下，可投喂配合饲料、农副产品加工的副产品（饼粕类、米糠、麸皮等）、屠宰场的下脚料以及各种细嫩的陆草、瓜果、菜叶等。

分布范围

秦皇岛市卢龙县；保定市阜平县。

物种危害

澳洲龙虾会捕食毒刺鱼、紫背馆鳖等红树林区域中的特有生物，对当地的生态平衡造成压力。其规模和数量已经接近鲍鱼和带鱼等重要的商业捕捞物种，这也可能对当地的渔业造成负面影响。

防治方法

首先，我国相关部门应当采取合理的管理措施，避免澳洲龙虾对当地生态的过度破坏。其次，应加强人们的环保意识，减少外来物种对当地生态造成的影响。

6. 南美白对虾

分类与来源

南美白对虾（学名：*Penaens vannamai*）是对虾科、滨对虾属动物。原产于南美太平洋沿岸的水域，主要分布在美国西部太平洋沿岸热带水域，从墨西哥湾至秘鲁中部都有分布，以厄瓜多尔附近的海域更为集中。

形态特征

南美白对虾的外形与中国对虾、墨吉对虾酷似。成虾最大体长可达23厘米，甲壳较薄，正常体色为淡青蓝色或浅青灰色，全身不具斑纹，步足常呈白垩状，故有白肢虾之称。

南美白对虾额角尖端的长度不超出第1触角柄的第2节，其齿式为5—9/2—4，头胸甲较短，与腹部的比例约为1:3，额角侧沟短，到胃上刺下方即消失，头胸甲具肝刺及鳃角刺，肝脊明显，第1触角具双鞭，内鞭较外鞭纤细，长度大致相等，但皆短小（约为第1触角柄长度的1/3），第1—3对步足的上肢十分发达，第4—5对步足无上肢，第5对步足具雏形外肢，腹部第4—6节具背脊，尾节具中央沟，但不具有缘侧刺激。

南美白对虾

生活习性

南美白对虾自然栖息区为泥质海底，水深范围 1—72 米，最适水温范围 25 ℃—32 ℃，盐度范围 28‰—34‰，pH 值为 8 ± 0.3，白天一般都静伏海底，晚上则活动频繁。其蜕皮时间大部分在晚上（前半夜 9—12 点），两次蜕皮的时间间隔为 20 天左右。南美白对虾性情温和，在实验条件下很少见到个体间有相互残食的现象发生。

脂类是虾类生长发育过程中必需的能量物质，它可提供虾类生长所必需的脂肪酸、胆固醇及磷脂等营养。南美白对虾商业饲料所推荐的脂类水平为 6.0%—7.5%，且建议的最高水平为 10.0%。南美白对虾脂肪中的必需脂肪酸不能在体内合成或合成很少，必须由饲料提供。

南美白对虾的生长速度较快，在盐度20‰—40‰、水温30 ℃—32 ℃时，不投食的情况下，从虾苗开始到收获为止的180天以内，平均每尾对虾的体重可达41克，体长由1厘米增长到14厘米。

南美白对虾属于甲壳动物，它的身体具有坚硬的外壳，以保护身体，但相对来说外壳也是一种生长限制因子。虾类必须借助周期性的蜕壳才能达到生长的目的。

分布范围

唐山市乐亭县、曹妃甸区、滦南县、丰南区、海港经济开发区、旅游岛；沧州市中捷产业园区、渤海新区港城区、海兴县、黄骅市、南大港、青县；秦皇岛市北戴河滨海新区、昌黎县、海港区；邯郸市永年区。

物种危害

南美白对虾的危害主要表现为：一是影响本地虾类的种群增长，严重的造成本地虾类资源衰减。二是与本地土著种竞争生活空间及饵料资源等，挤占本土物种的生态位。三是其会直接捕食其他种类幼虾或者消灭其他土著物种。四是其携带传染性病原。

防治方法

首先，相关部门应开展自然水域中南美白对虾的危害评估，加强宣传教育，提高民众对南美白对虾的认识，减少人为放生。其次，提高防控意识，加强对南美白对虾养殖的管理，减少养殖逃逸和养殖丢弃的行为。再次，优化养殖结构布局，推进其在适生区以外的区域养殖。最后，加强引种管理，严禁携带病原的亲虾入境。

7. 大菱鲆

分类与来源

大菱鲆（学名：*Scophthalmus maximus*）是菱鲆科、菱鲆属鱼类。原产于欧洲的特有种，分布于大西洋东侧欧洲沿岸，从北欧南部直至北非北部，黑海和地中海沿岸等地。

形态特征

大菱鲆外形扁平，略呈菱形，由于背、臀鳍较宽，所以整体观又近似圆形，尾鳍宽而短，背鳍与臀鳍无硬刺，两眼位于头部左侧，有眼侧呈灰褐色、深

大菱鲆

褐色，有黑色和咖啡色的花纹隐约可见，会随环境变化而变更体色的深浅，体表有少量皮刺（角质鳞），无眼侧呈白色，光滑无鳞，大菱鲆的皮下、鳍边含有胶质，头部较小，占鱼体比例小，口裂中等大，比牙鲆小，其牙齿细短而且不锋利，鱼体中部肉厚，全身除中轴骨外无小刺，出肉率高，内脏团小，位于腹腔前位，性腺位于腹腔下后方，成熟期性腺由后向前不断膨大，以致充满整个腹腔，而将内脏团挤于腹腔前位上方。

生活习性

大菱鲆是冷水性深海底层鱼类，其突出的特点是适应低水温生活和生长，喜集群游向水面摄食，饱食后迅速下潜静卧水底。

大菱鲆在自然海区底栖生活，为底栖动物食性。幼鱼期摄食甲壳类和多毛类，成鱼期摄食小鱼、小虾、贝类等。大菱鲆性格温驯，食性较牙鲆温和，互相残食现象较少。大菱鲆对不良环境的耐受力较强，喜伏水底，很少游动。除头部露在外面，身体可互相多层叠压一起，重叠面积超过 60%，对生长、生活也无影响。

分布范围

唐山市乐亭县、海港经济开发区、旅游岛；秦皇岛市北戴河滨海新区、昌黎县。

物种危害

大菱鲆的物种危害主要表现为：一是与土著鱼类发生竞争性排斥，影响土著鱼类生长。二是在自然条件下，可与土著鱼类杂交，破坏天然种质，造成基因污染。

防治方法

首先，相关部门应加强对大菱鲆的养殖监管，严格控制引种和养殖规模，防止养殖逃逸和随意扩散，降低丢弃风险。其次，应加强防控宣传教育，增大科普宣传力度，禁止随意放生放流和丢弃等行为，并督促养殖人员依法销毁废弃养殖个体。最后，野外误捕大菱鲆后应及时报告县级以上渔业主管部门或其授权相关机构，在其指导下进行无害化处理或转移至可控区域，原则上不应放回原水域。

8. 海湾扇贝

分类与来源

海湾扇贝（学名：*Argopecten irradians*）是扇贝科、海湾扇贝属贝类。原

海湾扇贝

产于美国大西洋沿岸，从科德角至新泽西和北卡罗来纳州均有分布。

形态特征

海湾扇贝壳质较薄，壳较凸，两壳及壳两侧均略等，壳背缘较直，腹缘及前、后缘均呈圆形。两壳关闭时两侧略留有狭孔。壳顶尖、低，不突出壳背缘，壳顶前方和后方有壳耳，左壳两耳略等，右壳前耳略较后耳小，呈长方形，其他皆呈三角形，足丝孔位于右壳前耳下方，较小，呈三角形，具数枚细栉柿齿，壳表多呈灰褐色或浅黄褐色，具深褐色或紫褐色云状花斑，一般左壳的颜色较浅而右壳较深，两壳面皆布满放射肋，肋呈圆形，较光滑，有 18 条左右，肋上的生长小棘较低平，左壳肋较窄，肋间距离较宽，右壳相反，肋较宽而肋间距离较窄。贝壳内面色浅，略近白色，稍具光泽，闭壳肌痕略显，近圆形，有与壳面相应的肋与沟。铰合部较细长，韧带深褐色，位于三角形的韧带槽中，中央关节较明显。

生活习性

海湾扇贝耐温范围为 –1 ℃—32 ℃，生长的最适温度为 22 ℃，耐盐度范围为 19‰—44‰，其中 25‰—31‰是生长的最适盐度。对水质要求比较严格，透明度大、不受污染、溶解氧不低于 4 毫克 / 升，化学耗氧量（COD）≤ 4 毫克 / 升，pH 值变化范围 8—8.5 的海区适于海湾扇贝生活。

海湾扇贝为滤食性贝类，滤食海水中的微生物、单细胞藻类、有机碎屑和海洋小型生物。幼虫期营浮游生活，成体期能分泌足丝附着在大叶藻等物质上生活，随着进一步生长，附着力下降，常以右壳平躺于海底生活。

分布范围

秦皇岛市北戴河滨海新区、昌黎县；唐山市乐亭县。

物种危害

海湾扇贝的物种危害主要表现为以下 3 个方面：一是与本地土著种竞争生活空间及饵料资源等，挤占本土物种的生态位。二是造成遗传侵蚀，外来种与本地种杂交，影响本地种的种质。三是通过大量摄食，改变水体中浮游动物和浮游植物的种类组成和数量，影响水域生态环境。

防治方法

首先，相关部分应加强引种管理和养殖监管。其次，开展海湾扇贝的危害评估，加强宣传教育，提高对海湾扇贝的认识，禁止人为放生(放流)。再次，提高防控意识，加强对海湾扇贝养殖的管理，减少养殖逃逸和养殖丢弃的行为。最后，对未经允许或违规进行养殖的，以及擅自放生（放流）或丢弃的，县级以上渔业主管部门应当依法进行查处。

9. 漠斑牙鲆

分类与来源

漠斑牙鲆（学名：*Paralichthys lethostigma*）是牙鲆科、牙鲆属的一种深海底栖鱼类。原产于北美洲大西洋沿岸的河口和大陆架水域，从美国的北卡罗来纳州到加州北部、佛罗里达州坦帕湾以及得克萨斯州墨西哥湾沿岸水域。

漠斑牙鲆

形态特征

漠斑牙鲆体长 20—50 厘米，体重 0.4—1.8 千克，自然界中最长的超过 90 厘米，最重超过 11 千克。其形态与中国褐牙鲆相似，体侧扁、卵圆形，两眼均位于头部左侧，身体的左侧呈浅褐色，分布有不规则的斑点，腹部颜色较浅，体腔很小，鳔缺乏，故生命中大部分时间底栖生活。因身体上分布混合着黑色斑点的明暗斑块，犹如沙漠一般，故称“漠斑牙鲆”。

背鳍 80—95 根，臀鳍 63—74 根，有眼侧胸鳍 11—13 根，第一鳃弓上鳃耙数为 2—3 根，下鳃耙数为 8—11 根，侧线鳞 35—100 枚，身体厚度占标准体长的 30%—47%，具有雌雄二态性。雌鱼眼间距比雄鱼短，而雄鱼胸鳍比雌鱼长。

生活习性

漠斑牙鲆为底栖肉食性凶猛鱼类，具有埋伏捕食的能力，但也可像其他鱼类一样到水面摄食。漠斑牙鲆夜间比较活跃，近 90% 的漠斑牙鲆在夜间捕食。它可以在海水和淡水中生活，喜栖息于泥泞或淤泥底质的河流、海岸和河口水域，大多数栖息于水深 40 米以内的水域。

分布范围

唐山市曹妃甸区。

物种危害

漠斑牙鲆的物种危害主要表现为以下两点：一是与土著鱼类发生竞争性排斥，产生竞争优势，抢占土著鱼类生态位。二是在自然条件下，可与土著鱼类杂交，降低遗传多样性，造成基因污染。

防治方法

首先，相关部门应加强对漠斑牙鲆的养殖监管，严格控制引种和养殖规模，防止养殖逃逸和随意扩散，降低丢弃风险。其次，应加强防控宣传教育，增大科普宣传力度，禁止随意丢弃等行为，并督促养殖人员依法销毁废弃养殖个体。最后，野外误捕漠斑牙鲆后应及时报告县级以上渔业主管部门或其授权相关机构，在其指导下进行无害化处理或转移至可控区域，原则上不应放回原水域。

10. 虹鳟

虹鳟

分类与来源

虹鳟（学名：*Oncorhynchus mykiss* ）是鲑科、太平洋鲑属的一种鲑鱼。原产于北美洲的太平洋沿岸及堪察加半岛一带。

形态特征

虹鳟身体的一侧有条清晰的彩虹样的痕迹，“虹鳟”即由此而得名。虹鳟雌雄鉴别的主要外观依据是其头部，头大吻端尖者为雄鱼，吻钝而圆者为雌鱼。

虹鳟体长266—465毫米，体型侧扁，口较大，斜裂端位，吻钝圆，微突出，鼻孔位于吻侧，距眼较距吻端略近，前后鼻孔间有一小皮膜突出，眼稍大，侧中位，后缘位于头前后正中点稍前方，眼间隔圆凸，口大，位低，上颌骨外露，约达眼后缘，下颌骨、前颌骨与上颌骨有1行稀齿，犁骨与腭骨亦有齿，犁骨齿沿轴达骨中后部，舌游离，背面有齿2纵行，齿行间为浅凹沟状，鳃孔大，下端达眼中央下方，鳃膜游离且分离，最长鳃耙约等于瞳孔长，肛门位于臀鳍稍前方，其后有泌尿生殖孔。

鳞很小，头部无鳞，眼鳍基上缘有长腋鳞，侧线侧中位，前端较高。

鲜鱼体背侧暗蓝绿色，两侧银白色，腹侧白色，背面及两侧有许多大小不等的小黑斑，头部与尾鳍基部黑斑较大，两侧条纹呈红色宽纵带状，背鳍、脂背鳍与尾鳍有许多小黑点，其他鳍灰黑色，基部较淡。

生活习性

虹鳟被称为“水中人参”，喜栖于清澈无污染的冷水中，其性情极为活泼，能跳跃摄饵，以陆生昆虫、水生无脊椎动物及其他小型鱼类为食。虹鳟的幼体阶段以浮游动物、底栖动物和水生昆虫为主。成鱼以鱼类、甲壳类、贝类及陆生和水生昆虫为食，也食水生植物的叶子和种子；在海里生活时则以小鱼及头足类为食。其会进行小距离的迁移，如果是溯河产卵型或是湖泊型的鱼种则会进行长距离的迁移。产卵期照常捕食。

分布范围

保定市唐县、易县、阜平县、涞水县、涞源县；承德市围场县、丰宁县、隆化县、平泉市；邯郸市涉县河南店镇、索堡镇、偏城镇、武安市；秦皇岛市青龙县；石家庄市平山县险溢河、黄壁庄水库、井陉县冶河；唐山市丰润区、迁安市。

物种危害

虹鳟的物种危害主要表现为以下两个方面：一是其受自身生活水温阈的限制，不会任意扩散，但可能占据本地鲑科鱼类的生态位。二是其掠食性，造成其他鱼类种群数量减少。在国外一些地区，已经发现引入虹鳟的影响，主要是它们能通过掠夺与竞争影响原生鱼类与无脊椎动物。

防治方法

首先，相关部门应提高防控意识，加强对虹鳟的养殖管理，避免养殖逃逸。其次，禁止放流、放生、养殖丢弃等行为。最后，对已出现定居种群的区域应组织开展针对性的捕捞，以降低其危害。

11. 俄罗斯鲟鱼

分类与来源

俄罗斯鲟鱼（学名：Acipenser gueldenstaedti）属于软骨鱼类。原产于俄罗斯。别名俄国鲟、金龙王鲟。俄罗斯鲟鱼在亚速海生长最快，在里海和黑海生长较慢。

俄罗斯鲟鱼味道鲜美、营养丰富，具有较强的经济价值，可在水库、湖泊、

俄罗斯鲟鱼

池塘、集约或养殖等领域广泛推广养殖。

形态特征

俄罗斯鲟鱼身体向后尖细、吻长、无齿，口位于头部下侧，头部背部有梭形骨板凸起，沿身体排列五行，背部正中一行较大，尾鳍上叶特别发达，头部、背部、背鳍、腹鳍均为青灰色，腹部淡黄色与白色。

个体延长，呈纺锤形，体高为全长的 12%—14%。在黑海，其个体全长可达 236 厘米，体重 115 千克，全长最大达 300 厘米。在里海，其个体全长可达 215 厘米，体重 65 千克，全长最大达 235 厘米。

俄罗斯鲟鱼头长为全长的 17%—19%，吻长为全长的 4%—6.5%，吻短而钝，略呈圆形，4 根触须位于吻端与口之间，更近吻端，须上无伞形纤毛，口小、横裂、较突出，下唇中央断开。在库拉河，其口宽平均为头长的 30.8%，鳃耙非扇形，鳃耙数 15—31，体被 5 行骨板，在骨板行之间体表分布许多小骨板，背骨板 8—18 枚，侧骨板 24—50 枚，腹骨板 6—13 枚，背鳍不分枝，鳍条 27—51，臀鳍不分枝，鳍条 18—33。

俄罗斯鲟鱼性成熟的年龄很长，雄体为 8—10 年，雌体为 14—16 年。

生活习性

俄罗斯鲟鱼的适应性很强，能经受未经先期适应的 4‰—5‰含盐度的水，对含有物条件的要求比较低，有抗病力。其生长最适宜温度为 15 ℃—26 ℃，当水温达 10 ℃时停止生长。

俄罗斯鲟鱼有两种，一种是江海洄游性种群，主要栖息地为黑海水系；另一种是终生在淡水中生活的定栖性种群，主要栖息地为伏尔加河流域。幼鱼主要以端足目甲壳动物等小型底栖动物为食物，成鱼则主要捕食底栖鱼类和摇蚊幼虫，即随着鱼的生长，其食性由近底栖营养型转为底层营养型。俄罗斯鲟鱼的摄食强度有明显的季节变化，夏季摄食强度最高，秋季减低，而冬季则几乎不进食。

分布范围

保定市唐县、易县、阜平县、涞水县、涞源县、曲阳县、涿州市；承德市围场县、丰宁县、隆化县、平泉市、滦平县；邯郸市涉县河南店镇、索堡镇；石家庄市平山县岗南水库、黄壁庄水库、井陉县冶河；唐山市丰润区、迁安市。

物种危害

人工养殖的俄罗斯鲟鱼、西伯利亚鲟等外来鲟鱼从库区网箱中逃逸，对我国本土鲟鱼带来的巨大威胁，包括从竞争排斥到杂交带来的基因污染。

防治方法

首先，相关部门应借助各种生物学手段，对各种入侵物种进行严格的控制。

其次，相关部门应借鉴一些成熟的法律经验，明确奖惩措施，倘若发现私自引种的情况，对其造成的后果应付出严重的代价。

最后，针对俄罗斯鲟鱼入侵的情况要进行深入的研究，明白其生长机制，了解其对生态环境所造成的影响，制定优良的防控策略。

12. 西伯利亚鲟

分类与来源

西伯利亚鲟（学名：*Acipenser baeri* Brandt ）为鲟科、鲟属鱼类。其分布于西伯利亚，多栖息在河流的中、下游。

形态特征

西伯利亚鲟体呈长锥形，体被以 5 列骨板，吻长占头长的 70% 以下，吻须 4 根，吻端锥形，两侧边缘圆形，头部有喷水孔；口呈水平位，开口朝下，吻须圆形。

西伯利亚鲟头长为全长的 16.7%—27%，体高为全长的 9%—16.6%。和小体鲟一样，吻长变异最大，吻长为头长的 33.3%—61%。吻长与头长之比值以鄂毕河和额尔齐斯河的西伯利亚鲟最小，叶尼塞河和勒拿河的西伯利亚鲟最大，贝加尔湖的西伯利亚鲟居中。西伯利亚鲟背骨板 10—20 枚，侧骨板 32—62 枚，腹骨板 7—16 枚，背鳍条数 30—56，臀鳍条数 17—33，鳃耙数 20—49。

西伯利亚鲟体色变化较大，背部和体侧浅灰色至暗褐色，腹部白色至黄色。

西伯利亚鲟

西伯利亚鲟骨板行间的体表分布有许多小骨片和微小颗粒，幼鱼骨板尖利，成鱼骨板磨损变钝，口较小，下唇中部裂开，吻须光滑或着生少许纤毛，鳃耙扇形。

生活习性

西伯利亚鲟广温性底栖鱼类，可耐严寒和酷暑。适宜生长水温为 15 ℃—25 ℃，冬季冰封期尚能摄食生长，夏季能忍受 30 ℃的水温。

西伯利亚鲟分为两种生态类型，即半洄游型和定居型。半洄游型群平时栖息在河口或河口三角洲水域，性成熟后沿河流上溯较长的距离（1600—3000 千米）去产卵，洄游过程中在河床低洼处越冬。定居型种群主要栖息在河流中游和上游的河汊处，没有明显的洄游现象。

西伯利亚鲟主要以底栖动物为食，主要是摇蚊幼虫、软体动物、蠕虫、甲壳类和小鱼等。在鄂毕河中，西伯利亚鲟的食物有毛翅目、蜉蝣和花鲈等。

分布范围

保定市阜平县、涿州市；邯郸市涉县河南店；唐山迁安市。

物种危害

西伯利亚鲟的入侵会使当地的鱼类生存空间减少，包括与土著种——国家一级保护动物中华鲟的竞争排斥、潜在杂交风险和养殖疾病传播等，从而造成当地鱼类品种的减少。

防治方法

首先，相关部门应制定积极的防治措施，应充分了解其生活习性，并掌握合理的饲养技术，促使鱼类养殖处于积极的发展趋势中。其次，相关部门应对养殖人员进行相关的培训，让其形成合理的养殖观念，减少不合理养殖情况的出现，呈现积极的养殖趋势，合理调控外来物种入侵现象。

13. 白斑狗鱼

分类与来源

白斑狗鱼（学名：*Esox lucius*）是狗鱼科、狗鱼属鱼类。原产于新疆阿勒泰地区额尔齐斯河流域。

形态特征

白斑狗鱼身体细长，稍侧扁，尾柄短小，头尖，吻长且平扁，似鸭嘴状，口裂宽大，口长约达到头长的一半，齿发达，上下颌、犁骨、筛骨和舌上均具有大小不一致的锥形锐齿，牙齿较特殊，上颚齿可伸出并由韧带相连，可以将捕捉到的食物挂住，也可以将没有吃完的食物挂在牙齿上备用，鳞细小，侧线不明显，背鳍和臀鳍位于体后部且基本相对，接近尾鳍，胸鳍和腹鳍较小，尾鳍叉形，背侧呈黄褐色，有黑色细纵纹，体侧有许多淡蓝色斑或白色斑，腹部呈白色，鳍黄而微红，鳍上有黑斑。

生活习性

白斑狗鱼是大型凶猛肉食性鱼类，食量大。在自然条件下，幼鱼性情温顺，常成群生活，主要摄食轮虫、小型枝角类和桡足类等浮游生物。当体长至 5—7 厘米后即捕食其他鱼类，成鱼单独栖息。白斑狗鱼全年摄食，但生殖期停止摄食，生殖期后食欲更加旺盛。以活鱼为饵料，一般以其体长的 30%—40% 为饵料鱼为最佳，也有进食其他动物的情况，如蛙、鼠等。饵料不足时会自相残食，成鱼可以吞食占体重 10%—20% 的白斑狗鱼小鱼。

白斑狗鱼

白斑狗鱼虽分布于高寒地带，却属于亚冷水性鱼类，相对适应温度比较广，适应能力比较强，适应温度范围为 0 ℃—30 ℃，在 35 ℃情况下仍可以生存，最佳摄食温度为 16 ℃—26 ℃。根据相关研究显示，白斑狗鱼的最适生长温度是 23 ℃—24 ℃。幼鱼集群活动，成鱼分散觅食，行动迅速敏捷，常活动于水草丛中。

分布范围

石家庄市鹿泉区、赞皇县；保定市曲阳县。

物种危害

白斑狗鱼性情十分暴躁，等同于狗中的藏獒，一言不合相互之间就会“打架斗殴”，它凶猛贪食，会威胁本土鱼类的生存，对当地的生态结构造成破坏。

防治方法

首先，相关部门应充分了解白斑狗鱼的生活习性后，对其进行物理和生物防控。其次，通过人工捕捞、垂钓等方式减少其数量，必要时可进行化学防控。

14. 哲罗鲑

分类与来源

哲罗鲑（学名：*Hucho taimen*）隶属于鲑形目鲑科哲罗鱼属，俗称“者罗鱼”“哲罗鱼”“哲绿鱼（东北）”“大红鱼（新疆）”，是一种极濒危的鱼类。其主要分布于亚洲北部地区，西至伏尔加河流域、东至伯朝拉河流域、南至黑龙江流域、北至勒拿河流域，在我国分布于黑龙江上游、嫩江上游、牡丹江、乌苏里江、松花江、镜泊湖、额尔齐斯河。

形态特征

哲罗鲑是一种极其珍贵的大型凶猛肉食性鱼类，体长，略侧扁，呈圆筒形，头部平扁，吻尖，口裂大，端位，上颌骨明显、游离，其末端延伸达眼后缘之后，上下颌、犁骨、腭骨和舌上均有向内倾斜的锐齿，鳞极细小，椭圆形，鳞上环片排列极为清晰，无辐射沟，侧线鳞193—242枚，侧线完全，脂鳍较发达，背部青褐色，腹部银白，头部、体侧有多数密集如粟粒状的暗黑色小十字形斑点，产卵期雌雄体全显示出青铜色，腹鳍及尾鳍下叶为橙红色，雄鱼更为明显。

哲罗鲑

生活习性

哲罗鲑终年绝大部分时间栖息在低温（15 ℃以下）、水流湍急的溪流里。冬季因受水位的影响，在结冰前逐渐向大江或附近较深的水体里移动，寻找适于越冬的场所。春季开江后，即溯河向溪流作生殖洄游，8 月以后向干流移动。黑龙江沿江一带渔民有“细鳞、哲罗，七上八下”的谚语，这是指细鳞鱼和哲罗鲑的洄游规律。

哲罗鲑非常贪食，觅食时间多在日出前和日落后，由深水游至浅水岸边捕食其他鱼类和水中活动的蛇、蛙、鼠类和水鸟等，其他时间多潜伏在溪流两岸有荫蔽的水底。一年四季均索食，夏季水温稍高时，食欲差些，甚至有停食现象；冬季不停止摄食，仅生殖期停止摄食。

哲罗鲑在低龄阶段生长速度快，10 龄以后体长增长缓慢，但这种增长不是无限制的，到一定年龄后生长就会停止。

分布范围

保定市涞源县；承德市丰宁县。

物种危害

哲罗鲑生长到一定阶段后，要去特定的地方繁殖，然后自然死亡。但一些哲罗鲑靠特定的环境因素留在了生长地继续生长，少数就可以长到 6 米左右，这种体型巨大的鱼会对养殖的渔网进行破坏，甚至对湖面巡逻的小型快艇造成威胁。

防治方法

哲罗鲑对水温的要求比较特殊，必须在 15℃以下的水域里才能正常生活。每年的春夏秋三季，它们生活在水温较低，水流湍急的山涧溪流中；到了深秋，水温也逐渐凉了下来，再加上我国北方地区降雨偏少，溪流中的水位开始急剧下降，有些地方甚至断了流，像哲罗鲑这种大型鱼类已经无法在溪流中生存了，因此，相关部门可对其进行物理防控和人力捕捞，减少其物种数量。

15. 大鳞鲃

分类与来源

大鳞鲃（学名：*Luciobarbus capito*）是鲤科、亮鲃属鱼类。俗称“淡水银鳕鱼”“淡水鳕鱼（另有海水银鳕鱼）”。原产于乌兹别克斯坦的阿姆河，是该国名贵的大型经济鱼类。为广温性鱼类，具有肉质鲜美、生长速度较快、抗逆性强、耐盐碱等优良特性。

2003 年，中国水产科学院黑龙江水产研究所通过实施农业部“948”（大鳞鲃引进）项目首次引入我国。

形态特征

大鳞鲃体延长呈梭形，左右对称，头较小，宽而扁，背部稍隆起，呈银灰色，从背部到腹部颜色逐渐变浅，直到腹部变为银白色，口亚下位，吻圆形，稍长，具有吻须和颌须各 1 对，背鳍 1 个，胸鳍 1 对，腹鳍 1 对，臀鳍 1 个，尾鳍叉形，尾柄平直，背鳍和尾鳍呈灰色，胸鳍、腹鳍和臀鳍颜色较浅，呈灰白色，肛门与生殖孔紧密相邻，位于身体的中后部。

大鳞鲃头部无鳞，身体被圆鳞覆盖，每侧侧线 1 条，起始于鳃盖后缘直至尾鳍连续分布于身体两侧，与身体背部相平行。从外部形状上看，大鳞鲃背鳞的后区有圆形突出，其他各部分鳞片不明显，多呈椭圆形。

上咽齿 1 块，下咽齿 1 对，背鳍硬棘数 2，鳍条数 7，胸鳍鳍条数 15—17，腹鳍鳍条数 8—9，臀鳍鳍条数 6—8，尾鳍鳍条数 20—22，侧线鳞数 60—75，侧线上鳞数 12—14，侧线下鳞数 9—12，第 1 鳃弓鳃耙数 17—18，脊椎骨

大鳞鲃

数 46—48。

生活习性

大鳞鲃池塘适宜生长水温为 18 ℃—27 ℃，最适水温为 24 ℃—27 ℃，水温低于 15 ℃时，鱼群几乎不摄食，开始在池塘最深处集群越冬，越冬水温最好控制在 4 ℃以上。大鳞鲃属于中度耐盐碱鱼类，盐度低于 3.2‰、碱度低于 14.32 毫摩尔 / 升的水质对其胚胎发育无影响，盐度低于 5.1‰、碱度低于 14.32 毫摩尔 / 升对仔鱼存活无影响。

野生大鳞鲃分为溯河洄游型和陆封型两种生态类型，主要生活于乌兹别克斯坦的咸海中，当性腺发育成熟后，逆流洄游至咸海的淡水河流中的适宜场所进行产卵。幼鱼以浮游动物和小型底栖无脊椎动物为食。成鱼以小型无脊椎动物、鱼类和幼虫为食。

分布范围

保定市阜平县；石家庄市鹿泉区。

物种危害

大鳞鲃虽然是外来物种，但它们的习性跟本土的鲤鱼、草鱼很相似，主要以水藻、草类为食，如果大量繁殖，会挤压本土鲤鱼、草鱼的生存空间。

防治方法

首先，相关部门应对大鳞鲃进行物理防控，包括人力捕捞、机械清除等，减少其物种数量。其次，对其进行化学防控，利用化学制剂控制种群数量，此法具有见效快、使用方便、易于推广等优点，但容易波及环境、本地物种以及人畜健康等。再次，对其进行生物防控，包括生物替代和生物防治，生物替代是选用当地物种通过替代方法控制大鳞鲃数量，生物防治是通过在原产地引进天敌控制大鳞鲃数量。最后，对其进行综合防控，将上述 4 种方法有机结合，发挥各自优势、弥补单个技术的不足，综合控制大鳞鲃数量。

16. 池沼公鱼

分类与来源

池沼公鱼（学名: *Hypomesus olidus*）属鲑形目，胡瓜鱼科，公鱼属。俗称“黄瓜鱼”。分布于黑龙江、图们江下游以及鸭绿江中下游。

形态特征

池沼公鱼体细长稍侧扁，头小而尖，头长大于体高，口大，前位，上、下颌及舌上均具有绒毛状齿，上颌骨后延不达眼中央的下缘，眼大，鳞大，侧线不明显，背鳍较高，其高大于体高，脂鳍末端游离呈屈指状，胸鳍小，尾柄很细，其高度仅等于眼径，尾鳍分叉很深，背部为草绿色，稍带黄色，体侧银白色，鳞片边缘有暗色小斑，各鳍为灰黑色。

池沼公鱼

生活习性

池沼公鱼为一年生鱼类，少部分活到第二年、第三年。一年可达 10 厘米左右，一般 12—15 厘米。池沼公鱼繁殖力强，一年即可达到性成熟，每年在结冰后即产卵，产卵于湖或水库沿岸有水草或湖底有沙砾的地方。卵直径 0.8—1.0 毫米，有油球，卵有附着膜，翻转时附于物体上。

池沼公鱼在 28 ℃以下水域可正常生活，最适宜的温度为 10 ℃—22 ℃，可适应 16% 以下的咸淡水，但水体温度不超过 30 ℃，对水质污染比较敏感，对酸碱度忍耐较低，酸碱度是 pH7.0—9.6，池沼公鱼食枝角类、桡足类，也食底栖昆虫。

池沼公鱼饵料生物丰富主食浮游动物，也食底栖动物、昆虫等，仔鱼开口饵料为轮虫、枝角类、桡足类幼体，也食单孢藻类。

分布范围

保定市唐县、易县；石家庄市平山县岗南水库、黄壁庄水库、行唐县口头水库、元氏县八一水库、灵寿县横山岭水库；唐山市迁西县。

物种危害

一条小小的池沼公鱼，产卵量可达上万枚，肚子里面除了鱼卵，似乎已经没有别的内脏。它们仅需一年即可繁殖后代。它们还喜欢吞食其他鱼类的鱼卵，让其无法成功繁殖，最终导致数量锐减甚至消失。池沼公鱼威胁本土鱼类的生存，对当地的生态结构造成破坏。

防治方法

池沼公鱼是一种冷水鱼，在南方的很多水域都无法生存。

在北方的许多水库，每当湖面结冰的时候，冰钓池沼公鱼成了很多钓鱼人的乐趣。有时候一副串钩抛下去，一拉就是一连串池沼公鱼。

对于像池沼公鱼这种外来物种对本地鱼群造成的危害，首先，相关部门有必要加强科普与宣传，提高民众的生态保护意识，减少盲目放生池沼公鱼的行为。其次，相关部门还应当建立一个完整的风险评估系统，健全引种管理制度，加强对外来物种的监测与调查（尤其是那些能够自然繁殖的物种），必要时采取一定的控制措施。

17. 大银鱼

分类与来源

大银鱼（学名：*Protosalanx hyalocranius*）是银鱼科、大银鱼属中个体最大的一种鱼类。分布于朝鲜、韩国和中国。在中国常见于渤海、黄海、东海沿海及长江、淮河等中下游河道和湖泊、水库中。

形态特征

大银鱼体细长，头平扁，吻尖长，吻长为吻宽的 1.1—1.3 倍，前部略圆，后部侧扁，鼻孔 2 个，前后紧接距眼较近，眼小，圆形，侧上位，口大，宽阔，前颌骨正常，下颌突出，稍长于上颌，上颌骨后端伸达眼下方，舌端截形，颐下无肉质突出部，前颌骨和上颌骨有牙 1 行，下颌有牙 2 行，腭骨及舌上各有牙 2 行，均细小，鳃孔大，鳃诳骨薄，鳃耙短而细，鳃盖膜与峡部相连，有假鳃。

体无鳞，仅雄鱼臀鳍基部有 1 行大臀鳞，约 20—29 枚，无侧线。

大银鱼

大银鱼背鳍中大，后位，起点距尾基较距胸鳍基为近，臀鳍基较长，完全位于背鳍之后，脂鳍小与臀鳍后部相对，胸鳍较宽，扇形（但雄鱼有数鳍条延长，略呈三角形），基部有发达的肉质片腹鳍小，起点距眼与距臀鳍起点相等，腹鳍与肛门间有皮褶隆起，尾鳍叉形。

体半透明，无色从头顶脑形清晰可见。肌节间有黑色小点，头顶、背部有少数分散黑色素小粒，臀鳍基亦有一列小黑点。

生活习性

大银鱼为一年生鱼类，在不同生态条件下的大银鱼，其怀卵量有较大的差异。其绝对怀卵量为 5000—40 000 粒之间。大银鱼成熟卵子为圆形、米黄色，直径 0.85—1.10 毫米，属沉性卵，卵膜周围散布卵膜丝，它既能使卵子缠附于植物上，又能缓冲风浪的搅动，保持卵子在良好的条件下发育。

大银鱼可以在海水、咸淡水和淡水中生活，对盐度适应范围很广；可以在0 ℃—30 ℃条件下生活，对水温的适应范围也很广。其食谱广、食物链短，生命周期短、繁殖力强，是大中型湖泊、水库移植增殖鱼类的优良种类，具有很高的渔业价值。

分布范围

衡水湖；雄安新区；沧州大浪淀。

物种危害

大银鱼繁衍快速，并且针对自然环境的适用性强，食材来源也非常普遍。当大银鱼进到一个天然湖泊以后，给本地的原住民鱼类造成了明显的威胁，如兴凯湖的大白鱼便遭受大银鱼的危害限产比较严重。

许多地区都在限定大银鱼的引进，并把大银鱼列入了入侵物种的名单中。资金投入进来的大银鱼对这种原住民鱼类很有可能造成大灾难，所以说相关部门在投放大银鱼以前一定要搞好调研工作中。明确大银鱼的投放不容易对原住民鱼类导致明显的威胁，再开展移植，不然会产生较严重的绿色生态损害。

防治方法

大银鱼全是一年生的鱼类，在投放的河段内一直开展产品打捞，不开展精卵结合的投放，就可以合理地限定大银鱼的经营规模。

大银鱼的繁育全过程中也有缺陷，它的精卵结合较为“娇气”，非常容易遭到不宜条件的危害，在卵化的过程中，遇到恶劣的天气状况也很有可能导致其灭种。

18. 美国红鱼

分类与来源

美国红鱼(学名：*Sciaenops ocellatus*)隶属于鲈形目石首鱼科拟石首鱼属。又称“眼斑拟石首鱼”“红拟石首鱼”“红鼓(姑)鱼”“黑斑红鲈(斑点尾鲈)”。分布于南大西洋和墨西哥湾沿岸水域，是美国和墨西哥重要的垂钓和捕捞对象。我国台湾学者于1987年5月从美国引进美国红鱼的受精卵，孵化并养殖成功，经过4年5个月的驯化培育，于1991年9月成功自然产卵并孵化培育出幼鱼。我国国家海洋局第一海洋研究所于1991年7月从美国得克萨斯大学科研所引进美国红鱼仔鱼30尾，经4年精心培育和饲养，于1995年美国红鱼亲鱼在室内自然产卵，并培育幼鱼2万多尾。

美国红鱼

形态特征

美国红鱼外形与黄姑鱼较为相似，区别在于其背部和体侧的体色微红，幼鱼尾柄基部上方有 1 黑色斑点。

体呈纺锤形，侧扁，头部钝圆，口裂较大，端位，眼上侧位，背部浅黑色，略微隆起，体两侧微红色，腹部白色，尾黑色，尾鳍基部侧线上方有 1 黑色圆斑。仔、稚鱼阶段尾鳍圆形， 成鱼尾鳍微凹，全长为体高的 2.65—2.70 倍，体长为体高的 2.0—2.1 倍，尾柄长为高的 1.8—1.9 倍。

生活习性

美国红鱼为广温广盐性鱼类，适温为 10 ℃—30 ℃，最适温为 18 ℃—25 ℃，其盐度的适应范围很广，淡水、半咸水、海水中均可正常生长发育。美国红鱼在自然水域主要摄食贝壳类、头足类、小鱼等。在人工饲养条件下也摄食人工配合饵料。其生长速度快，在原产地，当年的个体可达 500—1000 克，最大的个体竟然可达 3000 克。

分布范围

唐山市曹妃甸区、乐亭县；沧州市黄骅市。

物种危害

首先，美国红鱼入侵态势显著，生态位竞争能力强，携带并传播病菌风险较大，可能会对我国海水养殖业造成较大经济损失。其次，美国红鱼的适应生态环境能力极强，不管是在海水、淡水还是在半咸水环境中，都能够正常生长，其严重挤压了本土原生鱼的生存空间。

防治方法

首先，相关部门应尽快在沿海地区开展调查，确定美国红鱼养殖的主要区域和逃逸海域，开展野外美国红鱼的生物学和生存状况研究。其次，结合历史资料和采样数据，分析美国红鱼的生物学特性及其出现海域的生物群落组成，依据美国红鱼的营养级，构建食物网，评估并预测野外群体对我国近海渔业资源区系组成和群落结构的影响。最后，尽快开展研究，明确美国红鱼入侵的生物学基础和入侵机制，结合其所处生态位以及迁移路线，从源头及迁移路径捕捞等角度制定美国红鱼入侵的防治策略。

19. 匙吻鲟

分类与来源

匙吻鲟（学名：*Polyodon spathula*）是长吻鲟科、长吻鲟属鱼类。主要分布于美国密苏里河、密西西比河流域以及亚拉巴马河，也偶见于墨西哥湾。匙吻鲟已成功地引入到台石湖（阿肯色州），并在流入该湖的詹姆斯河产卵。

形态特征

匙吻鲟体长梭形，胸鳍前部平扁，后部稍侧扁，头较长，头长为体长一半以上，吻延长呈桨状，扁平，前宽后窄，眼极小，椭圆形，侧位，口下位，口裂大，弧形，两颌有尖细小齿，鳃孔大，鳃盖膜上方特别延长，呈三角形，鳃耙细长，且密集，背鳍位体后方，近于尾鳍基，背鳍和臀鳍鳍基部肌肉均发达，后缘均呈镰刀状，臀鳍位于背鳍中部下方，胸鳍侧下位，后端不达腹鳍。腹鳍位背鳍前方，后端接近臀鳍始点，尾鳍歪形，上叶长于下叶，上侧一行斜长形，硬鳞 13—20。

匙吻鲟

匙吻鲟体表光滑，仅尾鳍上叶有棘状硬鳞，侧线侧中位，近直线形，后端至尾鳍上叶，体背部色深，背、臀、尾鳍末端黑色。

生活习性

洄游：匙吻鲟在春季汛期进行产卵洄游，溯河距离一般为200—300 千米，极少达到 1000 千米，产卵后，亲鲟立即成群结队降河洄游。

食性：匙吻鲟主要以浮游动物为食，偶尔也食摇蚊幼虫等食物。匙吻鲟利用它的鳃耙有效地从水中滤食浮游动物和其他饵料。匙吻鲟在水中不停地游动，水中的饵料源源不断地从它张开的口中进去，通过鳃耙进入消化道。在早期幼鲟阶段，具有同类相残现象。

生长：匙吻鲟的生长速度较快，1 龄时，如条件好其可长到 50 厘米以上。1 龄之后，其生长减慢。5 龄之内其生长速度基本上是每年增长 5.1 厘米。6—10 龄时，其体重增长为前 5 年的 2—3 倍。匙吻鲟的寿命较长，一般均在 15 龄以上，有的高达 30 龄。

分布范围

石家庄市平山县文都河。

物种危害

匙吻鲟的适应力强大，其繁殖能力更是鱼类中的“佼佼者”，一胎就能产600万粒，可能会挤压当地鱼类的生存空间，破坏当地的生态，并霸占本土物种的环境。

防治方法

匙吻鲟的入侵对于我国有很大的影响，它们进入中国的原因是人们的引入，因此，相关部门只要加强立法与监管力度，防止私自放生这种外来生物，便可对其进行有效控制。

第三章

外来观赏物种

1. 锦鲤

分类与来源

锦鲤（学名：*Cyprinus carpio* ）属鲤科，全世界共有鲤科鱼类 210 属 3700 种以上。其体色受细胞影响，可呈现丰富的色彩变化，因此有“水中活宝石”“会游泳的艺术品”的美称。

锦鲤

形态特征

锦鲤由不同的色彩、图案和鱼鳞来区分，个体较大，体长可达 0.6—1.5 米，重 10—45 千克，体形呈纺锤形，体躯侧扁，体表由斑纹，身体分为头、躯干和尾 3 部分。锦鲤的头部前端有口，口角生有两对触须，其中吻须较长，颌须较短，主要用于探测水底的食物，中部两侧有眼、眼前上方有鼻，躯干上生有胸鳍、背鳍、腹鳍、臀鳍和尾鳍，背鳍、臀鳍均具硬刺，最后 1 根硬刺为锯齿状，背鳍条 16—19，臀鳍条 5，尾鳍叉形。

不同品种的锦鲤在色彩、斑纹上有较大的差异，体色有红、白、黄、蓝、紫等色彩。有的体表有光彩夺目的鳞片，也有少鳞甚至无磷的品种。锦鲤有来自真皮的色素细胞控制体色，黑色、黄色、红色素细胞的消退或移动都会引起锦鲤色泽产生不规则的微妙变化。

生活习性

锦鲤是温水性鱼，可生活于 5 ℃—30 ℃ 水温环境，最适宜水温为 21 ℃—27 ℃，水温越高，耗氧量越大，水温 23 ℃ 以上时，锦鲤体色容易变淡。一般寒冷地区锦鲤的体色与品种优于温暖地区。锦鲤对水温有很强适应力，但对水温的急剧变化，尤其是 5 ℃ 以上的水温变化抵抗力极差。水温升降 2 ℃—3 ℃ 时，尚能忍受，水温骤然升高或下降超过 2 ℃—3 ℃ 时，容易生病。如温度升降幅度达 7 ℃—8 ℃ 时，则匍匐于水底不食不动。若温度突变幅度更大时，锦鲤甚至会立即死亡。

锦鲤杂食性，爱在砂中觅食。甲壳类、昆虫、人工饵料、浮游动物、高等水生植物碎片、底栖动物及藻类等都能作为锦鲤的食物。锦鲤上下颚无齿，但咽喉齿发达，可咀嚼坚硬的食物，并能从池塘底泥中吸取食物。

分布范围

唐山市开平区、玉田县；沧州市南皮县、沧县、海兴县；秦皇岛市昌黎县；廊坊市香河县、大城县、广阳区、三河市、永清县、安次区；邯郸市经开区；保定市涿州市、阜平县。

物种危害

锦鲤和野生的黄河鲤鱼杂交，会污染本土的野生鲤鱼，甚至导致纯种的野生鲤鱼从此消失，影响当地的生态系统，同时也会减少物种多样性。

防治方法

首先，公民应增强意识，同时减少人为放生；其次，相关部门应加强养殖管理，减少养殖逃逸。

2. 热带鱼

分类与来源

热带鱼是指生活在热带、亚热带水域，具有观赏价值的鱼类。热带鱼分为淡水热带鱼和海水热带鱼。其主要分布于东南亚、南美洲、非洲等地，其中以南美洲的亚马孙河水系出产的品种最多、形态最美。河北省主要有金龙鱼、银龙鱼、蓝康王鱼、小丑鱼、月光蝴蝶、马鞍神仙等。

热带鱼

形态特征

热带鱼品种繁多，大小不等，体形特性各异，颜色五彩斑斓，非常美丽。依据原始栖息地的不同，热带鱼较著名的品种有三大系列：一是灯类品种，它们小巧玲珑、美妙俏丽、若隐若现，非常受欢迎。二是神仙鱼系列，它们潇洒飘逸，温文尔雅，大有陆上神仙的风范，非常美丽。三是龙鱼系列，它们素有“活化石”美称，名贵美丽，广受欢迎。

生活习性

热带鱼是狭温性鱼类，对水温的要求比较苛刻，对水温的变化也特别敏感，能适应的水温为 20 ℃—30 ℃，越过这个范围的上限或下限，对大多数热带鱼来说都有生命危险，如果水温降到 20 ℃以下，热带鱼会生病或者死去；水温虽然达到 20 ℃，但如果长期偏低，也会影响它们的食欲和生长。多数热带鱼是食肉性的、少数是杂食性的、极少数是食草性的。食肉性鱼又分为凶猛性和温和性的。凶猛性的口大、性情猛烈，喜欢吃小鱼、小虾和蚯蚓等大块食物，如德州豹鱼、龙鱼；性情温和的鱼体小口也小，喜欢吃水蚤、摇蚊幼虫等小型动物。

物种危害

热带鱼的物种危害主要表现为以下两种：一是热带鱼会危害水域生态环境，破坏水底结构，影响其他物种的生长，破坏生态多样性。二是其携带致病性微生物会影响人类健康，可能会对人体造成一定的伤害。

防治方法

首先，相关部门应健全外来物种的法律法规体系。其次，应建立外来物种风险评估体系。最后，提高全民对外来物种的防治意识。

3. 紫苞鸢尾

分类与来源

紫苞鸢尾(学名: *Iris ruthenica Ker Gawl.*)是鸢尾科鸢尾属多年生草本植物，分布于俄罗斯和中国新疆，其生长在向阳草地或石质山坡。紫苞鸢尾花形优美，花色艳丽，可栽培供人们观赏。

形态特征

紫苞鸢尾是多年生草本植物，植株基部围有短的鞘状叶，根状茎斜伸，二歧分枝，须根粗，暗褐色，叶线形，灰绿色，顶端长渐尖，基部鞘状，花茎纤细，略短于叶，苞片2枚，膜质，绿色，边缘带红紫色，披针形或广披针形，中脉明显，内包含有1朵花，花蓝紫色，外花被裂片倒披针形，有白色及深紫色的斑纹，内花被裂片直立，狭倒披针形，雄蕊长约2.5厘米，花药乳白色，花柱分枝扁平，顶端裂片狭三角形，子房狭纺锤形，蒴果球形或卵圆形，种子球形或梨形，有乳白色的附属物，遇潮湿易变黏。

生活习性

紫苞鸢尾生于向阳草地或石质山坡，喜阳，耐寒，耐旱。其繁殖方式为分株繁殖。

分布范围

保定市涿州市、阜平县、曲阳县。

紫苞鸢尾

物种危害

紫苞鸢尾有毒，牲畜误食会造成严重腹泻及肠道血瘀；其会对植物土壤的水分、其他营养成分，以及生物群落的结构稳定性及遗传多样性等方面造成影响，从而破坏当地的生态平衡。

防治方法

一是采用人工防治法，依靠人力捕捉外来害虫或拔除紫苞鸢尾。二是采用机械去除法，利用专门设计制造的机械设备防治。三是采用替代控制法，根据植物群落演替的自身规律，用有经济或生态价值的本地植物取代紫苞鸢尾。

结 论

笔者对河北省外来水生生物的防控思考主要体现在以下几个方面。

1. 健全法律法规

根据河北省外来生物的具体情况，制定河北省外来物种管理的地方性法规，同时，完善与之配套的相关规章制度，形成包括刑事责任、行政责任和民事责任的完整、合理的法律责任体系。

2. 强化行政管理体制

提高各行政部门对外来有害生物的重视程度，履行各自的行政职能，采取定期举办研讨会、建立信息共享机制和成立专家咨询团队等措施，提高行政效能。

3. 健全监测评估机制

定期开展外来水生生物的普查工作，加强重点区域的监测，严格引种的审核、批准与检疫程序，对已入侵生物的危害、分布、蔓延和流行进行风险评估与预警。

4. 加强宣传引导

通过各种形式和媒体，相关部门应向公众普及外来水生生物的知识，提高公众对外来生物入侵问题的关注，提高全民生态安全意识，把外来物种防治措施变为公众的自觉行动。

附录

附　录

附录 A　中国外来入侵物种名单

中国第一批外来入侵物种名单

中文名	拉丁名
紫茎泽兰	*Eupatorium adenophorum* Spreng
薇甘菊	*Mikaina micrantha* H. B. K.
空心莲子草	*Alternanthera philoxeroides* (Mart.) Griseb
豚草	*Ambrosia artemisiifolia* L.
毒麦	*Lolium temulentum* L.
互花米草	*Spartina alterniflora* Loisel.
飞机草	*Eupatorium odoratum* L.
凤眼莲	*Eichhornia crassipes* (Mart.) Solms
假高粱	*Sorghum halepense* (L.) Pers.
蔗扁蛾	*Opogona sacchari* (Bojer)
湿地松粉蚧	*Oracella acuta* (Lobdell)
强大小蠹	*Dendroctonus valens* LeConte
美国白蛾	*Hyphantria cunea* (Drury)
非洲大蜗牛	*Achating fulica*
福寿螺	*Pomacea canaliculata* Spix
牛蛙	*Rana catesbeiana* Shaw

中国第二批外来入侵物种名单

中文名	拉丁名
马缨丹	*Lantana camara* L.
三裂叶豚草	*Ambrosia trifida* L.
大薸	*Pistia stratiotes* L.
加拿大一枝黄花	*Solidago Canadensis* L.
蒺藜草	*Cenchrus echinatus* L.
银胶菊	*Parthenium hysterophorus* L.
黄顶菊	*Flaveria bidentis* (L.) Kuntze
土荆芥	*Chenopodium ambrosioides* L.
刺苋	*Amaranthus spinosus* L.
落葵薯	*Anredera cordifolia* (Tenore) Steenis
桉树枝瘿姬小蜂	*Leptocybe invasa* Fisher et La Salle
稻水象甲	*Lissorhoptrus oryzophilus* Kuschel
红火蚁	*Solenopsis invicta* Buren
克氏原螯虾	*Procambarus clarkia*
苹果蠹蛾	*Cydia pomonella* (L.)
三叶草斑潜蝇	*Liriomyza trifolii*(Burgess)
松材线虫	*Bursaphelenchus xylophilus* (Steiner et Buhrer) Nickle
松突圆蚧	*Hemiberlesia pitysophila* Takagi
椰心叶甲	*Brontispa longissima* (Gestro)

中国第三批外来入侵物种名单

中文名	拉丁名
反枝苋	*Amaranthus retroflexus* L.
钻形紫菀	*Aster subulatus Michx.*
三叶鬼针草	*Bidens pilosa* L.
小蓬草	*Conyza canadensis* (L) Cronquist
苏门白酒草	*Conyza bonariensis var. leiotheca* (S.F.Blake) Cuatrec.
一年蓬	*Erigeron annuus Pers.*
假臭草	*Praxelis clematidea* (Grisebach.) King et Robinson
刺苍耳	*Xanthium spinosum* L.
圆叶牵牛	*Ipomoea purpurea* (L.) Roth
长刺蒺藜草	*Cenchrus pauciflorus Benth.*
巴西龟	*Trachemyss cripta elegans* (Wied.)
豹纹脂身鲇	*Pterygoplichthys pardalis* (Castelnau)
红腹锯鲑脂鲤	*Pygocentrus nattereri Kner* 1858
尼罗罗非鱼	*Oreochromis niloticus* (L.)
红棕象甲	*Rhynchophorus ferrugineus* (Oliver)
悬铃木方翅网蝽	*Corythucha ciliata* Say
扶桑绵粉蚧	*Phenacoccus solenopsis* Tinsley
刺桐姬小蜂	*Quadrastichus erythrinae* Kim

中国第四批外来入侵物种名单

中文名	拉丁名
长芒苋	*Amaranthus palmeri S.* Watson
垂序商陆	*Phytolacca americana* L.
光荚含羞草	*Mimosa bimucronata* (DC.) Kuntze
五爪金龙	*Ipomoea cairica* (L) Sweet
喀西茄	*Solanum aculeatissimum* Jacquin
黄花刺茄	*Solanum rostratum* Dunal
刺果瓜	*Sicyos angulatus* L.
藿香蓟	*Ageratum conyzoides* L.
大狼杷草	*Bidens frondosa* L.
野燕麦	*Avena fatua* L.
水盾草	*Cabomba caroliniana* Gray
食蚊鱼	*Gambusia affinis*(Baird et Girard)
美洲大蠊	*Periplaneta Americana* (L.)
德国小蠊	*Blattella germanica* (L.)
无花果蜡蚧	*Ceroplastesrusi* (L.)
枣实蝇	*Carpomya vesuviana* Costa
椰子木蛾	*Opisina arenosella* Walker
松树蜂	*Sirex noctilio* Fabricius

附录 B 国家重点管理外来入侵物种名录（第一批）

国家重点管理外来入侵物种名录（第一批）

中文名	拉丁名
节节麦	*Aegilops tauschii Coss*
紫茎泽兰	*Ageratina adenophoua'*(Spreng.) King &H.Rob.
水花生（空心莲子草）	*Alternanthera philoxeroides*(Mart.) Griseb.
长芒苋	*Amaranthus palmeri* Watson
刺苋	*Amaranthus spinosus* L.
豚草	*Ambrosia artemisiifolia* L.
三裂叶豚草	*Ambrosia trifida* L.
少花蒺藜草	*Cenchrus pauciflorus* Bentham
飞机草	*Chromolaena odorata* (L.)R.M.King & H.Rob.
水葫芦（凤眼莲）	*Eichhornia crassipes* (Martius)Solms-Laubach
黄顶菊	*Flaveria bidentis* (L.) Kuntze
马缨丹	*Lantana camara* L.
毒麦	*Lolium temulentum* L.
薇甘菊	*Mikania micrantha* Kunth ex H.K.B.
银胶菊	*Parthenium hysterophorus* L.
大薄	*Pistia stratiotes* L.
假臭草	*Praxelis clematidea*(Griseb.)R.M.King et H.Rob.

续表一

中文名	拉丁名
刺萼龙葵	*Solanum rostratum* Dunal
加拿大一枝黄花	*Solidago canadensis* L.
假高粱	*Sorghum halepense*(L.) Persoon
互花米草	*Spartina alterniflora* Loiseleur
非洲大蜗牛	*Achatina fulica* (Bowdich)
福寿螺	*Pomacea canaliculata* (Lamarck)
纳氏锯脂鲤（食人鲳）	*Pygocentrus nattereri* kner
牛蛙	*Rana catesbeiana* Shaw
巴西龟	*Trachemys scripta elegans* (Wied—Neuwied)
螺旋粉虱	*Aleurodicus dispersus* Russell
桔小实蝇	*Bactrocera (Bactrocera) dorsalis* (Hendel)
瓜实蝇	*Bactrocera (Zeugodacus) cucurbitae* (Coquillett)
烟粉虱	*Bemisia tabaci* Gennadius
椰心叶甲	*Brontispa longissima* (Gestro)
枣实蝇	*Carpomya vesuviana* Costa
悬铃木方翅网蝽	*Corythucha ciliata* Say
苹果蠹蛾	*Cydia pomonella* L.

续表二

中文名	拉丁名
红脂大小蠹	*Dendroctonus valens* Le Conte
西花蓟马	*Frankliniella occidentalis* Pergande
松突圆蚧	*Hemiberlesia pitysophila* Takagi
美国白蛾	*Hyphantria cunea* (Drury)
马铃薯甲虫	*Leptinotarsa decemlineata* (Say)
桉树枝瘿姬小蜂	*Leptocybe invasa* Fisher & LaSalle
美洲斑潜蝇	*Liriomyza sativae* Blanchard
三叶草斑潜蝇	*Liriomyza trifolii* (Burgess)
稻水象甲	*Lissorhoptrus oryzophilus* Kuschel
扶桑绵粉蚧	*Phenacoccus solenopsis* Tinsley
刺桐姬小蜂	*Quadrastichus erythrinae* Kim
红棕象甲	*Rhynchophorus ferrugineus* Olivier
红火蚁	*Solenopsis invicta* Buren
松材线虫	*Bursaphelenchus xylophilus* (Steiner & Buhrer) Nickle
香蕉穿孔线虫	*Radopholus similis* (Cobb) Thorne
尖镰孢古巴专化型4号小种	*Fusarium axysporum f.sp. Cubense Schlechtend* (Smith) Snyder & Hansen Race4
大豆疫霉病菌	*Phytophthora sojae* Kaufmann & Gerdemann
番茄细菌性溃疡病菌	*Clavibacter michiganensis subsp. michiganensis* (Smith) Davis.

附录C 《中华人民共和国生物安全法》

中华人民共和国生物安全法

《中华人民共和国生物安全法》由中华人民共和国第十三届全国人民代表大会常务委员会第二十二次会议于2020年10月17日通过，自2021年4月15日起施行。

第一章 总则

第一条 为了维护国家安全，防范和应对生物安全风险，保障人民生命健康，保护生物资源和生态环境，促进生物技术健康发展，推动构建人类命运共同体，实现人与自然和谐共生，制定本法。

第二条 本法所称生物安全，是指国家有效防范和应对危险生物因子及相关因素威胁，生物技术能够稳定健康发展，人民生命健康和生态系统相对处于没有危险和不受威胁的状态，生物领域具备维护国家安全和持续发展的能力。

从事下列活动，适用本法：

（一）防控重大新发突发传染病、动植物疫情；

（二）生物技术研究、开发与应用；

（三）病原微生物实验室生物安全管理；

（四）人类遗传资源与生物资源安全管理；

（五）防范外来物种入侵与保护生物多样性；

（六）应对微生物耐药；

（七）防范生物恐怖袭击与防御生物武器威胁；

（八）其他与生物安全相关的活动。

第三条　生物安全是国家安全的重要组成部分。维护生物安全应当贯彻总体国家安全观，统筹发展和安全，坚持以人为本、风险预防、分类管理、协同配合的原则。

第四条　坚持中国共产党对国家生物安全工作的领导，建立健全国家生物安全领导体制，加强国家生物安全风险防控和治理体系建设，提高国家生物安全治理能力。

第五条　国家鼓励生物科技创新，加强生物安全基础设施和生物科技人才队伍建设，支持生物产业发展，以创新驱动提升生物科技水平，增强生物安全保障能力。

第六条　国家加强生物安全领域的国际合作，履行中华人民共和国缔结或者参加的国际条约规定的义务，支持参与生物科技交流合作与生物安全事件国际救援，积极参与生物安全国际规则的研究与制定，推动完善全球生物安全治理。

第七条　各级人民政府及其有关部门应当加强生物安全法律法规和生物安

全知识宣传普及工作，引导基层群众性自治组织、社会组织开展生物安全法律法规和生物安全知识宣传，促进全社会生物安全意识的提升。

相关科研院校、医疗机构以及其他企业事业单位应当将生物安全法律法规和生物安全知识纳入教育培训内容，加强学生、从业人员生物安全意识和伦理意识的培养。

新闻媒体应当开展生物安全法律法规和生物安全知识公益宣传，对生物安全违法行为进行舆论监督，增强公众维护生物安全的社会责任意识。

第八条　任何单位和个人不得危害生物安全。

任何单位和个人有权举报危害生物安全的行为；接到举报的部门应当及时依法处理。

第九条　对在生物安全工作中做出突出贡献的单位和个人，县级以上人民政府及其有关部门按照国家规定予以表彰和奖励。

第二章　生物安全风险防控体制

第十条　中央国家安全领导机构负责国家生物安全工作的决策和议事协调，研究制定、指导实施国家生物安全战略和有关重大方针政策，统筹协调国家生物安全的重大事项和重要工作，建立国家生物安全工作协调机制。

省、自治区、直辖市建立生物安全工作协调机制，组织协调、督促推进本行政区域内生物安全相关工作。

第十一条　国家生物安全工作协调机制由国务院卫生健康、农业农村、科学技术、外交等主管部门和有关军事机关组成，分析研判国家生物安全形势，组织协调、督促推进国家生物安全相关工作。国家生物安全工作协调机制设立办公室，负责协调机制的日常工作。

国家生物安全工作协调机制成员单位和国务院其他有关部门根据职责分工，负责生物安全相关工作。

第十二条　国家生物安全工作协调机制设立专家委员会，为国家生物安全战略研究、政策制定及实施提供决策咨询。

国务院有关部门组织建立相关领域、行业的生物安全技术咨询专家委员会，为生物安全工作提供咨询、评估、论证等技术支撑。

第十三条　地方各级人民政府对本行政区域内生物安全工作负责。

县级以上地方人民政府有关部门根据职责分工，负责生物安全相关工作。

基层群众性自治组织应当协助地方人民政府以及有关部门做好生物安全风险防控、应急处置和宣传教育等工作。

有关单位和个人应当配合做好生物安全风险防控和应急处置等工作。

第十四条　国家建立生物安全风险监测预警制度。国家生物安全工作协调机制组织建立国家生物安全风险监测预警体系，提高生物安全风险识别和分析能力。

第十五条　国家建立生物安全风险调查评估制度。国家生物安全工作协调机制应当根据风险监测的数据、资料等信息，定期组织开展生物安全风险调查评估。

有下列情形之一的，有关部门应当及时开展生物安全风险调查评估，依法采取必要的风险防控措施：

（一）通过风险监测或者接到举报发现可能存在生物安全风险；

（二）为确定监督管理的重点领域、重点项目，制定、调整生物安全相关名录或者清单；

（三）发生重大新发突发传染病、动植物疫情等危害生物安全的事件；

（四）需要调查评估的其他情形。

第十六条　国家建立生物安全信息共享制度。国家生物安全工作协调机制组织建立统一的国家生物安全信息平台，有关部门应当将生物安全数据、资料等信息汇交国家生物安全信息平台，实现信息共享。

第十七条　国家建立生物安全信息发布制度。国家生物安全总体情况、重大生物安全风险警示信息、重大生物安全事件及其调查处理信息等重大生物安全信息，由国家生物安全工作协调机制成员单位根据职责分工发布；其他生物安全信息由国务院有关部门和县级以上地方人民政府及其有关部门根据职责权限发布。

任何单位和个人不得编造、散布虚假的生物安全信息。

第十八条　国家建立生物安全名录和清单制度。国务院及其有关部门根据生物安全工作需要，对涉及生物安全的材料、设备、技术、活动、重要生物资源数据、传染病、动植物疫病、外来入侵物种等制定、公布名录或者清单，并动态调整。

第十九条　国家建立生物安全标准制度。国务院标准化主管部门和国务院其他有关部门根据职责分工，制定和完善生物安全领域相关标准。

国家生物安全工作协调机制组织有关部门加强不同领域生物安全标准的协调和衔接，建立和完善生物安全标准体系。

第二十　国家建立生物安全审查制度。对影响或者可能影响国家安全的生物领域重大事项和活动，由国务院有关部门进行生物安全审查，有效防范和化解生物安全风险。

第二十一条　国家建立统一领导、协同联动、有序高效的生物安全应急制度。

国务院有关部门应当组织制定相关领域、行业生物安全事件应急预案，根据应急预案和统一部署开展应急演练、应急处置、应急救援和事后恢复等工作。

县级以上地方人民政府及其有关部门应当制定并组织、指导和督促相关企业事业单位制定生物安全事件应急预案，加强应急准备、人员培训和应急演练，开展生物安全事件应急处置、应急救援和事后恢复等工作。

中国人民解放军、中国人民武装警察部队按照中央军事委员会的命令，依法参加生物安全事件应急处置和应急救援工作。

第二十二条　国家建立生物安全事件调查溯源制度。发生重大新发突发传染病、动植物疫情和不明原因的生物安全事件，国家生物安全工作协调机制应当组织开展调查溯源，确定事件性质，全面评估事件影响，提出意见建议。

第二十三条　国家建立首次进境或者暂停后恢复进境的动植物、动植物产品、高风险生物因子国家准入制度。

进出境的人员、运输工具、集装箱、货物、物品、包装物和国际航行船舶压舱水排放等应当符合我国生物安全管理要求。

海关对发现的进出境和过境生物安全风险，应当依法处置。经评估为生物安全高风险的人员、运输工具、货物、物品等，应当从指定的国境口岸进境，并采取严格的风险防控措施。

第二十四条　国家建立境外重大生物安全事件应对制度。境外发生重大生物安全事件的，海关依法采取生物安全紧急防控措施，加强证件核验，提高查验比例，暂停相关人员、运输工具、货物、物品等进境。必要时经国务院同意，可以采取暂时关闭有关口岸、封锁有关国境等措施。

第二十五条　县级以上人民政府有关部门应当依法开展生物安全监督检查工作，被检查单位和个人应当配合，如实说明情况，提供资料，不得拒绝、阻挠。

涉及专业技术要求较高、执法业务难度较大的监督检查工作，应当有生物安全专业技术人员参加。

第二十六条　县级以上人民政府有关部门实施生物安全监督检查，可以依法采取下列措施：

（一）进入被检查单位、地点或者涉嫌实施生物安全违法行为的场所进行现场监测、勘查、检查或者核查；

（二）向有关单位和个人了解情况；

（三）查阅、复制有关文件、资料、档案、记录、凭证等；

（四）查封涉嫌实施生物安全违法行为的场所、设施；

（五）扣押涉嫌实施生物安全违法行为的工具、设备以及相关物品；

（六）法律法规规定的其他措施。

有关单位和个人的生物安全违法信息应当依法纳入全国信用信息共享平

台。

第三章　防控重大新发突发传染病、动植物疫情

第二十七条　国务院卫生健康、农业农村、林业草原、海关、生态环境主管部门应当建立新发突发传染病、动植物疫情、进出境检疫、生物技术环境安全监测网络，组织监测站点布局、建设，完善监测信息报告系统，开展主动监测和病原检测，并纳入国家生物安全风险监测预警体系。

第二十八条　疾病预防控制机构、动物疫病预防控制机构、植物病虫害预防控制机构（以下统称专业机构）应当对传染病、动植物疫病和列入监测范围的不明原因疾病开展主动监测，收集、分析、报告监测信息，预测新发突发传染病、动植物疫病的发生、流行趋势。

国务院有关部门、县级以上地方人民政府及其有关部门应当根据预测和职责权限及时发布预警，并采取相应的防控措施。

第二十九条　任何单位和个人发现传染病、动植物疫病的，应当及时向医疗机构、有关专业机构或者部门报告。

医疗机构、专业机构及其工作人员发现传染病、动植物疫病或者不明原因的聚集性疾病的，应当及时报告，并采取保护性措施。

依法应当报告的，任何单位和个人不得瞒报、谎报、缓报、漏报，不得授意他人瞒报、谎报、缓报，不得阻碍他人报告。

第三十条　国家建立重大新发突发传染病、动植物疫情联防联控机制。

发生重大新发突发传染病、动植物疫情，应当依照有关法律法规和应急预案的规定及时采取控制措施；国务院卫生健康、农业农村、林业草原主管部门应当立即组织疫情会商研判，将会商研判结论向中央国家安全领导机构和国务院报告，并通报国家生物安全工作协调机制其他成员单位和国务院其他有关部门。

发生重大新发突发传染病、动植物疫情，地方各级人民政府统一履行本行政区域内疫情防控职责，加强组织领导，开展群防群控、医疗救治，动员和鼓励社会力量依法有序参与疫情防控工作。

第三十一条　国家加强国境、口岸传染病和动植物疫情联合防控能力建设，建立传染病、动植物疫情防控国际合作网络，尽早发现、控制重大新发突发传染病、动植物疫情。

第三十二条　国家保护野生动物，加强动物防疫，防止动物源性传染病传播。

第三十三条　国家加强对抗生素药物等抗微生物药物使用和残留的管理，支持应对微生物耐药的基础研究和科技攻关。

县级以上人民政府卫生健康主管部门应当加强对医疗机构合理用药的指导和监督，采取措施防止抗微生物药物的不合理使用。县级以上人民政府农业农村、林业草原主管部门应当加强对农业生产中合理用药的指导和监督，采取措施防止抗微生物药物的不合理使用，降低在农业生产环境中的残留。

国务院卫生健康、农业农村、林业草原、生态环境等主管部门和药品监督管理部门应当根据职责分工，评估抗微生物药物残留对人体健康、环境的危害，建立抗微生物药物污染物指标评价体系。

第四章　生物技术研究、开发与应用安全

第三十四条　国家加强对生物技术研究、开发与应用活动的安全管理，禁止从事危及公众健康、损害生物资源、破坏生态系统和生物多样性等危害生物安全的生物技术研究、开发与应用活动。

从事生物技术研究、开发与应用活动，应当符合伦理原则。

第三十五条　从事生物技术研究、开发与应用活动的单位应当对本单位生物技术研究、开发与应用的安全负责，采取生物安全风险防控措施，制定生物安全培训、跟踪检查、定期报告等工作制度，强化过程管理。

第三十六条　国家对生物技术研究、开发活动实行分类管理。根据对公众健康、工业农业、生态环境等造成危害的风险程度，将生物技术研究、开发活动分为高风险、中风险、低风险三类。

生物技术研究、开发活动风险分类标准及名录由国务院科学技术、卫生健康、农业农村等主管部门根据职责分工，会同国务院其他有关部门制定、调整并公布。

第三十七条　从事生物技术研究、开发活动，应当遵守国家生物技术研究开发安全管理规范。

从事生物技术研究、开发活动，应当进行风险类别判断，密切关注风险变

化，及时采取应对措施。

第三十八条　从事高风险、中风险生物技术研究、开发活动，应当由在我国境内依法成立的法人组织进行，并依法取得批准或者进行备案。

从事高风险、中风险生物技术研究、开发活动，应当进行风险评估，制定风险防控计划和生物安全事件应急预案，降低研究、开发活动实施的风险。

第三十九条　国家对涉及生物安全的重要设备和特殊生物因子实行追溯管理。购买或者引进列入管控清单的重要设备和特殊生物因子，应当进行登记，确保可追溯，并报国务院有关部门备案。

个人不得购买或者持有列入管控清单的重要设备和特殊生物因子。

第四十条　从事生物医学新技术临床研究，应当通过伦理审查，并在具备相应条件的医疗机构内进行；进行人体临床研究操作的，应当由符合相应条件的卫生专业技术人员执行。

第四十一条　国务院有关部门依法对生物技术应用活动进行跟踪评估，发现存在生物安全风险的，应当及时采取有效补救和管控措施。

第五章　病原微生物实验室生物安全

第四十二条　国家加强对病原微生物实验室生物安全的管理，制定统一的实验室生物安全标准。病原微生物实验室应当符合生物安全国家标准和要求。

从事病原微生物实验活动，应当严格遵守有关国家标准和实验室技术规范、操作规程，采取安全防范措施。

第四十三条　国家根据病原微生物的传染性、感染后对人和动物的个体或者群体的危害程度，对病原微生物实行分类管理。

从事高致病性或者疑似高致病性病原微生物样本采集、保藏、运输活动，应当具备相应条件，符合生物安全管理规范。具体办法由国务院卫生健康、农业农村主管部门制定。

第四十四条　设立病原微生物实验室，应当依法取得批准或者进行备案。

个人不得设立病原微生物实验室或者从事病原微生物实验活动。

第四十五条　国家根据对病原微生物的生物安全防护水平，对病原微生物实验室实行分等级管理。

从事病原微生物实验活动应当在相应等级的实验室进行。低等级病原微生物实验室不得从事国家病原微生物目录规定应当在高等级病原微生物实验室进行的病原微生物实验活动。

第四十六条　高等级病原微生物实验室从事高致病性或者疑似高致病性病原微生物实验活动，应当经省级以上人民政府卫生健康或者农业农村主管部门批准，并将实验活动情况向批准部门报告。

对我国尚未发现或者已经宣布消灭的病原微生物，未经批准不得从事相关实验活动。

第四十七条　病原微生物实验室应当采取措施，加强对实验动物的管理，防止实验动物逃逸，对使用后的实验动物按照国家规定进行无害化处理，实现实验动物可追溯。禁止将使用后的实验动物流入市场。

病原微生物实验室应当加强对实验活动废弃物的管理，依法对废水、废气以及其他废弃物进行处置，采取措施防止污染。

第四十八条　病原微生物实验室的设立单位负责实验室的生物安全管理，制定科学、严格的管理制度，定期对有关生物安全规定的落实情况进行检查，对实验室设施、设备、材料等进行检查、维护和更新，确保其符合国家标准。

病原微生物实验室设立单位的法定代表人和实验室负责人对实验室的生物安全负责。

第四十九条　病原微生物实验室的设立单位应当建立和完善安全保卫制度，采取安全保卫措施，保障实验室及其病原微生物的安全。

国家加强对高等级病原微生物实验室的安全保卫。高等级病原微生物实验室应当接受公安机关等部门有关实验室安全保卫工作的监督指导，严防高致病性病原微生物泄漏、丢失和被盗、被抢。

国家建立高等级病原微生物实验室人员进入审核制度。进入高等级病原微生物实验室的人员应当经实验室负责人批准。对可能影响实验室生物安全的，不予批准；对批准进入的，应当采取安全保障措施。

第五十条　病原微生物实验室的设立单位应当制定生物安全事件应急预案，定期组织开展人员培训和应急演练。发生高致病性病原微生物泄漏、丢失和被盗、被抢或者其他生物安全风险的，应当按照应急预案的规定及时采取控制措施，并按照国家规定报告。

第五十一条　病原微生物实验室所在地省级人民政府及其卫生健康主管部门应当加强实验室所在地感染性疾病医疗资源配置，提高感染性疾病医疗救治能力。

第五十二条　企业对涉及病原微生物操作的生产车间的生物安全管理，依照有关病原微生物实验室的规定和其他生物安全管理规范进行。

涉及生物毒素、植物有害生物及其他生物因子操作的生物安全实验室的建设和管理，参照有关病原微生物实验室的规定执行。

第六章　人类遗传资源与生物资源安全

第五十三条　国家加强对我国人类遗传资源和生物资源采集、保藏、利用、对外提供等活动的管理和监督，保障人类遗传资源和生物资源安全。

国家对我国人类遗传资源和生物资源享有主权。

第五十四条　国家开展人类遗传资源和生物资源调查。

国务院科学技术主管部门组织开展我国人类遗传资源调查，制定重要遗传家系和特定地区人类遗传资源申报登记办法。

国务院科学技术、自然资源、生态环境、卫生健康、农业农村、林业草原、中医药主管部门根据职责分工，组织开展生物资源调查，制定重要生物资源申报登记办法。

第五十五条　采集、保藏、利用、对外提供我国人类遗传资源，应当符合伦理原则，不得危害公众健康、国家安全和社会公共利益。

第五十六条　从事下列活动，应当经国务院科学技术主管部门批准：

（一）采集我国重要遗传家系、特定地区人类遗传资源或者采集国务院科学技术主管部门规定的种类、数量的人类遗传资源；

（二）保藏我国人类遗传资源；

（三）利用我国人类遗传资源开展国际科学研究合作；

（四）将我国人类遗传资源材料运送、邮寄、携带出境。

前款规定不包括以临床诊疗、采供血服务、查处违法犯罪、兴奋剂检测和殡葬等为目的采集、保藏人类遗传资源及开展的相关活动。

为了取得相关药品和医疗器械在我国上市许可，在临床试验机构利用我国人类遗传资源开展国际合作临床试验、不涉及人类遗传资源出境的，不需要批准；但是，在开展临床试验前应当将拟使用的人类遗传资源种类、数量及用途向国务院科学技术主管部门备案。

境外组织、个人及其设立或者实际控制的机构不得在我国境内采集、保藏我国人类遗传资源，不得向境外提供我国人类遗传资源。

第五十七条　将我国人类遗传资源信息向境外组织、个人及其设立或者实际控制的机构提供或者开放使用的，应当向国务院科学技术主管部门事先报告并提交信息备份。

第五十八条　采集、保藏、利用、运输出境我国珍贵、濒危、特有物种及其可用于再生或者繁殖传代的个体、器官、组织、细胞、基因等遗传资源，应当遵守有关法律法规。

境外组织、个人及其设立或者实际控制的机构获取和利用我国生物资源，应当依法取得批准。

第五十九条　利用我国生物资源开展国际科学研究合作，应当依法取得批准。

利用我国人类遗传资源和生物资源开展国际科学研究合作，应当保证中方单位及其研究人员全过程、实质性地参与研究，依法分享相关权益。

第六十条　国家加强对外来物种入侵的防范和应对，保护生物多样性。国务院农业农村主管部门会同国务院其他有关部门制定外来入侵物种名录和管理办法。

国务院有关部门根据职责分工，加强对外来入侵物种的调查、监测、预警、控制、评估、清除以及生态修复等工作。

任何单位和个人未经批准，不得擅自引进、释放或者丢弃外来物种。

第七章　防范生物恐怖与生物武器威胁

第六十一条　国家采取一切必要措施防范生物恐怖与生物武器威胁。

禁止开发、制造或者以其他方式获取、储存、持有和使用生物武器。

禁止以任何方式唆使、资助、协助他人开发、制造或者以其他方式获取生物武器。

第六十二条　国务院有关部门制定、修改、公布可被用于生物恐怖活动、制造生物武器的生物体、生物毒素、设备或者技术清单，加强监管，防止其被用于制造生物武器或者恐怖目的。

第六十三条　国务院有关部门和有关军事机关根据职责分工，加强对可被用于生物恐怖活动、制造生物武器的生物体、生物毒素、设备或者技术进出境、进出口、获取、制造、转移和投放等活动的监测、调查，采取必要的防范和处置措施。

第六十四条　国务院有关部门、省级人民政府及其有关部门负责组织遭受生物恐怖袭击、生物武器攻击后的人员救治与安置、环境消毒、生态修复、安全监测和社会秩序恢复等工作。

国务院有关部门、省级人民政府及其有关部门应当有效引导社会舆论科学、准确报道生物恐怖袭击和生物武器攻击事件，及时发布疏散、转移和紧急避难等信息，对应急处置与恢复过程中遭受污染的区域和人员进行长期环境监测和健康监测。

第六十五条　国家组织开展对我国境内战争遗留生物武器及其危害结果、潜在影响的调查。

国家组织建设存放和处理战争遗留生物武器设施，保障对战争遗留生物武器的安全处置。

第八章　生物安全能力建设

第六十六条　国家制定生物安全事业发展规划，加强生物安全能力建设，提高应对生物安全事件的能力和水平。

县级以上人民政府应当支持生物安全事业发展，按照事权划分，将支持下列生物安全事业发展的相关支出列入政府预算：

（一）监测网络的构建和运行；

（二）应急处置和防控物资的储备；

（三）关键基础设施的建设和运行；

（四）关键技术和产品的研究、开发；

（五）人类遗传资源和生物资源的调查、保藏；

（六）法律法规规定的其他重要生物安全事业。

第六十七条　国家采取措施支持生物安全科技研究，加强生物安全风险防御与管控技术研究，整合优势力量和资源，建立多学科、多部门协同创新的联合攻关机制，推动生物安全核心关键技术和重大防御产品的成果产出与转化应用，提高生物安全的科技保障能力。

第六十八条　国家统筹布局全国生物安全基础设施建设。国务院有关部门根据职责分工，加快建设生物信息、人类遗传资源保藏、菌（毒）种保藏、动植物遗传资源保藏、高等级病原微生物实验室等方面的生物安全国家战略资源平台，建立共享利用机制，为生物安全科技创新提供战略保障和支撑。

第六十九条　国务院有关部门根据职责分工，加强生物基础科学研究人才和生物领域专业技术人才培养，推动生物基础科学学科建设和科学研究。

国家生物安全基础设施重要岗位的从业人员应当具备符合要求的资格，相关信息应当向国务院有关部门备案，并接受岗位培训。

第七十条　国家加强重大新发突发传染病、动植物疫情等生物安全风险防控的物资储备。

国家加强生物安全应急药品、装备等物资的研究、开发和技术储备。国务院有关部门根据职责分工，落实生物安全应急药品、装备等物资研究、开发和技术储备的相关措施。

国务院有关部门和县级以上地方人民政府及其有关部门应当保障生物安全事件应急处置所需的医疗救护设备、救治药品、医疗器械等物资的生产、供应和调配；交通运输主管部门应当及时组织协调运输经营单位优先运送。

第七十一条　国家对从事高致病性病原微生物实验活动、生物安全事件现场处置等高风险生物安全工作的人员，提供有效的防护措施和医疗保障。

第九章　法律责任

第七十二条　违反本法规定，履行生物安全管理职责的工作人员在生物安全工作中滥用职权、玩忽职守、徇私舞弊或者有其他违法行为的，依法给予处分。

第七十三条　违反本法规定，医疗机构、专业机构或者其工作人员瞒报、谎报、缓报、漏报，授意他人瞒报、谎报、缓报，或者阻碍他人报告传染病、动植物疫病或者不明原因的聚集性疾病的，由县级以上人民政府有关部门责令改正，给予警告；对法定代表人、主要负责人、直接负责的主管人员和其他直接责任人员，依法给予处分，并可以依法暂停一定期限的执业活动直至吊销相关执业证书。

违反本法规定，编造、散布虚假的生物安全信息，构成违反治安管理行为的，由公安机关依法给予治安管理处罚。

第七十四条　违反本法规定，从事国家禁止的生物技术研究、开发与应用活动的，由县级以上人民政府卫生健康、科学技术、农业农村主管部门根据职责分工，责令停止违法行为，没收违法所得、技术资料和用于违法行为的工具、设备、原材料等物品，处一百万元以上一千万元以下的罚款，违法所得在一百万元以上的，处违法所得十倍以上二十倍以下的罚款，并可以依法禁止一定期限内从事相应的生物技术研究、开发与应用活动，吊销相关许可证件；对法定代表人、主要负责人、直接负责的主管人员和其他直接责任人员，依法给予处分，处十万元以上二十万元以下的罚款，十年直至终身禁止从事相应的生物技术研究、开发与应用活动，依法吊销相关执业证书。

第七十五条　违反本法规定，从事生物技术研究、开发活动未遵守国家生物技术研究开发安全管理规范的，由县级以上人民政府有关部门根据职责分工，责令改正，给予警告，可以并处二万元以上二十万元以下的罚款；拒不改正或者造成严重后果的，责令停止研究、开发活动，并处二十万元以上二百万元以下的罚款。

第七十六条　违反本法规定，从事病原微生物实验活动未在相应等级的实验室进行，或者高等级病原微生物实验室未经批准从事高致病性、疑似高致病性病原微生物实验活动的，由县级以上地方人民政府卫生健康、农业农村主管部门根据职责分工，责令停止违法行为，监督其将用于实验活动的病原微生物销毁或者送交保藏机构，给予警告；造成传染病传播、流行或者其他严重后果的，对法定代表人、主要负责人、直接负责的主管人员和其他直接责任人员依法给予撤职、开除处分。

第七十七条　违反本法规定，将使用后的实验动物流入市场的，由县级以上人民政府科学技术主管部门责令改正，没收违法所得，并处二十万元以上一百万元以下的罚款，违法所得在二十万元以上的，并处违法所得五倍以上十倍以下的罚款；情节严重的，由发证部门吊销相关许可证件。

第七十八条　违反本法规定，有下列行为之一的，由县级以上人民政府有关部门根据职责分工，责令改正，没收违法所得，给予警告，可以并处十万元以上一百万元以下的罚款：

（一）购买或者引进列入管控清单的重要设备、特殊生物因子未进行登记，或者未报国务院有关部门备案；

（二）个人购买或者持有列入管控清单的重要设备或者特殊生物因子；

（三）个人设立病原微生物实验室或者从事病原微生物实验活动；

（四）未经实验室负责人批准进入高等级病原微生物实验室。

第七十九条　违反本法规定，未经批准，采集、保藏我国人类遗传资源或者利用我国人类遗传资源开展国际科学研究合作的，由国务院科学技术主管部门责令停止违法行为，没收违法所得和违法采集、保藏的人类遗传资源，并处五十万元以上五百万元以下的罚款，违法所得在一百万元以上的，并处违法所得五倍以上十倍以下的罚款；情节严重的，对法定代表人、主要负责人、直接负责的主管人员和其他直接责任人员，依法给予处分，五年内禁止从事相应活动。

第八十条　违反本法规定，境外组织、个人及其设立或者实际控制的机构在我国境内采集、保藏我国人类遗传资源，或者向境外提供我国人类遗传资源的，由国务院科学技术主管部门责令停止违法行为，没收违法所得和违法采集、保藏的人类遗传资源，并处一百万元以上一千万元以下的罚款；违法所得在一百万元以上的，并处违法所得十倍以上二十倍以下的罚款。

第八十一条　违反本法规定，未经批准，擅自引进外来物种的，由县级以上人民政府有关部门根据职责分工，没收引进的外来物种，并处五万元以上二十五万元以下的罚款。

违反本法规定，未经批准，擅自释放或者丢弃外来物种的，由县级以上人民政府有关部门根据职责分工，责令限期捕回、找回释放或者丢弃的外来物种，处一万元以上五万元以下的罚款。

第八十二条　违反本法规定，构成犯罪的，依法追究刑事责任；造成人身、财产或者其他损害的，依法承担民事责任。

第八十三条　违反本法规定的生物安全违法行为，本法未规定法律责任，其他有关法律、行政法规有规定的，依照其规定。

第八十四条　境外组织或者个人通过运输、邮寄、携带危险生物因子入境或者以其他方式危害我国生物安全的，依法追究法律责任，并可以采取其他必要措施。

第十章　附则

第八十五条　本法下列术语的含义：

（一）生物因子，是指动物、植物、微生物、生物毒素及其他生物活性物质。

（二）重大新发突发传染病，是指我国境内首次出现或者已经宣布消灭再次发生，或者突然发生，造成或者可能造成公众健康和生命安全严重损害，引起社会恐慌，影响社会稳定的传染病。

（三）重大新发突发动物疫情，是指我国境内首次发生或者已经宣布消灭的动物疫病再次发生，或者发病率、死亡率较高的潜伏动物疫病突然发生并迅速传播，给养殖业生产安全造成严重威胁、危害，以及可能对公众健康和生命安全造成危害的情形。

（四）重大新发突发植物疫情，是指我国境内首次发生或者已经宣布消灭的严重危害植物的真菌、细菌、病毒、昆虫、线虫、杂草、害鼠、软体动物等再次引发病虫害，或者本地有害生物突然大范围发生并迅速传播，对农作物、林木等植物造成严重危害的情形。

（五）生物技术研究、开发与应用，是指通过科学和工程原理认识、改造、合成、利用生物而从事的科学研究、技术开发与应用等活动。

（六）病原微生物，是指可以侵犯人、动物引起感染甚至传染病的微生物，包括病毒、细菌、真菌、立克次体、寄生虫等。

（七）植物有害生物，是指能够对农作物、林木等植物造成危害的真菌、细菌、病毒、昆虫、线虫、杂草、害鼠、软体动物等生物。

（八）人类遗传资源，包括人类遗传资源材料和人类遗传资源信息。人类遗传资源材料是指含有人体基因组、基因等遗传物质的器官、组织、细胞等遗传材料。人类遗传资源信息是指利用人类遗传资源材料产生的数据等信息资料。

（九）微生物耐药，是指微生物对抗微生物药物产生抗性，导致抗微生物药物不能有效控制微生物的感染。

（十）生物武器，是指类型和数量不属于预防、保护或者其他和平用途所正当需要的、任何来源或者任何方法产生的微生物剂、其他生物剂以及生物毒素；也包括为将上述生物剂、生物毒素使用于敌对目的或者武装冲突而设计的武器、设备或者运载工具。

（十一）生物恐怖，是指故意使用致病性微生物、生物毒素等实施袭击，损害人类或者动植物健康，引起社会恐慌，企图达到特定政治目的的行为。

第八十六条　生物安全信息属于国家秘密的，应当依照《中华人民共和国保守国家秘密法》和国家其他有关保密规定实施保密管理。

第八十七条　中国人民解放军、中国人民武装警察部队的生物安全活动，由中央军事委员会依照本法规定的原则另行规定。

第八十八条　本法自 2021 年 4 月 15 日起施行。

附录 D 《外来入侵物种管理办法》

外来入侵物种管理办法

（2022 年 5 月 31 日农业农村部 自然资源部 生态环境部 海关总署令第 4 号公布 自 2022 年 8 月 1 日起施行）

第一章 总则

第一条 为了防范和应对外来入侵物种危害，保障农林牧渔业可持续发展，保护生物多样性，根据《中华人民共和国生物安全法》，制定本办法。

第二条 本办法所称外来物种，是指在中华人民共和国境内无天然分布，经自然或人为途径传入的物种，包括该物种所有可能存活和繁殖的部分。

本办法所称外来入侵物种，是指传入定殖并对生态系统、生境、物种带来威胁或者危害，影响我国生态环境，损害农林牧渔业可持续发展和生物多样性的外来物种。

第三条 外来入侵物种管理是维护国家生物安全的重要举措，应当坚持风险预防、源头管控、综合治理、协同配合、公众参与的原则。

第四条　农业农村部会同国务院有关部门建立外来入侵物种防控部际协调机制，研究部署全国外来入侵物种防控工作，统筹协调解决重大问题。

省级人民政府农业农村主管部门会同有关部门建立外来入侵物种防控协调机制，组织开展本行政区域外来入侵物种防控工作。

海关完善境外风险预警和应急处理机制，强化入境货物、运输工具、寄递物、旅客行李、跨境电商、边民互市等渠道外来入侵物种的口岸检疫监管。

第五条　县级以上地方人民政府依法对本行政区域外来入侵物种防控工作负责，组织、协调、督促有关部门依法履行外来入侵物种防控管理职责。

县级以上地方人民政府农业农村主管部门负责农田生态系统、渔业水域等区域外来入侵物种的监督管理。

县级以上地方人民政府林业草原主管部门负责森林、草原、湿地生态系统和自然保护地等区域外来入侵物种的监督管理。

沿海县级以上地方人民政府自然资源（海洋）主管部门负责近岸海域、海岛等区域外来入侵物种的监督管理。

县级以上地方人民政府生态环境主管部门负责外来入侵物种对生物多样性影响的监督管理。

高速公路沿线、城镇绿化带、花卉苗木交易市场等区域的外来入侵物种监督管理，由县级以上地方人民政府其他相关主管部门负责。

第六条　农业农村部会同有关部门制定外来入侵物种名录，实行动态调整和分类管理，建立外来入侵物种数据库，制修订外来入侵物种风险评估、监测预警、防控治理等技术规范。

第七条　农业农村部会同有关部门成立外来入侵物种防控专家委员会，为外来入侵物种管理提供咨询、评估、论证等技术支撑。

第八条　农业农村部、自然资源部、生态环境部、海关总署、国家林业和草原局等主管部门建立健全应急处置机制，组织制订相关领域外来入侵物种突发事件应急预案。

县级以上地方人民政府有关部门应当组织制订本行政区域相关领域外来入侵物种突发事件应急预案。

第九条　县级以上人民政府农业农村、自然资源（海洋）、生态环境、林业草原等主管部门加强外来入侵物种防控宣传教育与科学普及，增强公众外来入侵物种防控意识，引导公众依法参与外来入侵物种防控工作。

任何单位和个人未经批准，不得擅自引进、释放或者丢弃外来物种。

第二章　源头预防

第十条　因品种培育等特殊需要从境外引进农作物和林草种子苗木、水产苗种等外来物种的，应当依据审批权限向省级以上人民政府农业农村、林业草原主管部门和海关办理进口审批与检疫审批。

属于首次引进的，引进单位应当就引进物种对生态环境的潜在影响进行风险分析，并向审批部门提交风险评估报告。审批部门应当及时组织开展审查评估。经评估有入侵风险的，不予许可入境。

第十一条　引进单位应当采取安全可靠的防范措施，加强引进物种研究、保存、种植、繁殖、运输、销毁等环节管理，防止其逃逸、扩散至野外环境。

对于发生逃逸、扩散的，引进单位应当及时采取清除、捕回或其他补救措施，并及时向审批部门及所在地县级人民政府农业农村或林业草原主管部门报告。

第十二条　海关应当加强外来入侵物种口岸防控，对非法引进、携带、寄递、走私外来物种等违法行为进行打击。对发现的外来入侵物种以及经评估具有入侵风险的外来物种，依法进行处置。

第十三条　县级以上地方人民政府农业农村、林业草原主管部门应当依法加强境内跨区域调运农作物和林草种子苗木、植物产品、水产苗种等检疫监管，防止外来入侵物种扩散传播。

第十四条　农业农村部、自然资源部、生态环境部、海关总署、国家林业和草原局等主管部门依据职责分工，对可能通过气流、水流等自然途径传入我国的外来物种加强动态跟踪和风险评估。

有关部门应当对经外来入侵物种防控专家委员会评估具有较高入侵风险的物种采取必要措施，加大防范力度。

第三章　监测与预警

第十五条　农业农村部会同有关部门建立外来入侵物种普查制度，每十年组织开展一次全国普查，掌握我国外来入侵物种的种类数量、分布范围、危害程度等情况，并将普查成果纳入国土空间基础信息平台和自然资源“一张图”。

第十六条　农业农村部会同有关部门建立外来入侵物种监测制度，构建全国外来入侵物种监测网络，按照职责分工布设监测站点，组织开展常态化监测。

县级以上地方人民政府农业农村主管部门会同有关部门按照职责分工开展本行政区域外来入侵物种监测工作。

第十七条　县级以上地方人民政府农业农村、自然资源（海洋）、生态环境、林业草原等主管部门和海关应当按照职责分工及时收集汇总外来入侵物种监测信息，并报告上级主管部门。

任何单位和个人不得瞒报、谎报监测信息，不得擅自发布监测信息。

第十八条　省级以上人民政府农业农村、自然资源（海洋）、生态环境、林业草原等主管部门和海关应当加强外来入侵物种监测信息共享，分析研判外来入侵物种发生、扩散趋势，评估危害风险，及时发布预警预报，提出应对措施，指导开展防控。

第十九条　农业农村部会同有关部门建立外来入侵物种信息发布制度。全国外来入侵物种总体情况由农业农村部商有关部门统一发布。自然资源部、生态环境部、海关总署、国家林业和草原局等主管部门依据职责权限发布本领域外来入侵物种发生情况。

省级人民政府农业农村主管部门商有关部门统一发布本行政区域外来入侵物种情况。

第四章　治理与修复

第二十条　农业农村部、自然资源部、生态环境部、国家林业和草原局按照职责分工，研究制订本领域外来入侵物种防控策略措施，指导地方开展防控。

县级以上地方人民政府农业农村、自然资源（海洋）、林业草原等主管部门应当按照职责分工，在综合考虑外来入侵物种种类、危害对象、危害程度、扩散趋势等因素的基础上，制订本行政区域外来入侵物种防控治理方案，并组织实施，及时控制或消除危害。

第二十一条　外来入侵植物的治理，可根据实际情况在其苗期、开花期或结实期等生长关键时期，采取人工拔除、机械铲除、喷施绿色药剂、释放生物天敌等措施。

第二十二条　外来入侵病虫害的治理，应当采取选用抗病虫品种、种苗预处理、物理清除、化学灭除、生物防治等措施，有效阻止病虫害扩散蔓延。

第二十三条　外来入侵水生动物的治理，应当采取针对性捕捞等措施，防止其进一步扩散危害。

第二十四条　外来入侵物种发生区域的生态系统恢复，应当因地制宜采取种植乡土植物、放流本地种等措施。

第五章　附　则

第二十五条　违反本办法规定，未经批准，擅自引进、释放或者丢弃外来物种的，依照《中华人民共和国生物安全法》第八十一条处罚。涉嫌犯罪的，依法移送司法机关追究刑事责任。

第二十六条　本办法自 2022 年 8 月 1 日起施行。

参考文献

[1] 胡隐昌，董志国，郝向举，等. 中国常见外来水生动植物图鉴[M]. 北京：中国农业出版社，2020.

[2] 陈集双，姜永厚. 外来入侵生物控制[M]. 杭州：浙江大学出版社，2006.

[3] 喻庆国. 生物多样性调查与评价[M]. 昆明：云南科技出版社，2007.

[4] 李典谟，武春生，伍一军，等. 全国生物多样性保护与外来物种入侵学术研讨会论文集[M]. 北京：中国农业科学技术出版社，2006.

[5] 徐海根，王建民，强胜，等.《生物多样性公约》热点研究：外来物种入侵·生物安全·遗传资源[M]. 北京：科学出版社，2004.

[6] 徐海根，等. 外来物种环境风险评估与控制研究[M]. 北京：科学出版社，2011.

[7] 李宏，许惠. 外来物种入侵科学导论[M]. 北京：科学出版社，2016.

[8] 李林春. 中国鱼类图鉴[M]. 太原：山西科学技术出版社，2015.

[9] 林贻卿，谭芳林，肖华山. 互花米草的生态效果及其治理探讨[J].防护林科技，2008，5(15)：119-120.

[10] 胡隐昌. 我国常见外来水生生物识别手册[M]. 北京：科学出版社，2015.

[11] 胡隐昌，顾党恩. 科学认识外来水生生物[M]. 北京：科学出版社，2023.

[12] 李家乐，董志国，李应森，等. 中国外来水生动植物[M]. 上海：上海科学技术出版社，2007.

[13] 李明. 凤眼莲的栽培利用技术[J]. 渔业致富指南，1998(7)：22-23.

[14] 常瑞英，王仁卿，张依然. 入侵植物空心莲子草的入侵机制及综合管理 [J]. 生态与农村环境学报，2013(1)：17-23.

[15] 隋淑光. 外来生物入侵：一场没有硝烟的战争[M]. 北京：中国农业出版社，2011.

[16] 于胜祥，陈瑞辉. 中国口岸外来入侵植物彩色图鉴[M]. 郑州：河南科学技术出版社，2023.

[17] 张凤娟，徐海云. 河北省外来入侵植物及其防控[M]. 北京：科学出版社，2023.

[18] 贵州省森林病虫检疫防治站，贵州省林业科学研究院. 贵州林业有害生物[M]. 贵阳：贵州科技出版社，2019.